Max Schede

Die antiseptische Wundbehandlung mit Sublimat

Max Schede

Die antiseptische Wundbehandlung mit Sublimat

ISBN/EAN: 9783743361522

Hergestellt in Europa, USA, Kanada, Australien, Japan

Cover: Foto ©berggeist007 / pixelio.de

Manufactured and distributed by brebook publishing software
(www.brebook.com)

Max Schede

Die antiseptische Wundbehandlung mit Sublimat

Die

Antiseptische Wundbehandlung

mit Sublimat.

———•———

Von

Dr. Max Schede,
Oberarzt der chirurg. Abtheilung des allgemeinen Krankenhauses zu Hamburg.

———•———

Leipzig,

Druck von Breitkopf & Härtel.

1885.

Separat-Abdruck aus der »Sammlung klinischer Vorträge« Nr. 251 Chirurgie Nr. 78.

Die antiseptische Wundbehandlung mit Sublimat.

Nach einem Vortrag, gehalten in der chirurgischen Section des internationalen Congresses für Medicin zu Kopenhagen, im August 1884.

Von

Dr. Max Schede,

Oberarzt der chirurgischen Abtheilung des allgemeinen Krankenhauses zu Hamburg.

Hochgeehrte Versammlung.

Es war gewiss ein sehr zeitgemässer Gedanke des verehrten Vorstandes unserer chirurgischen Section, an diesem Orte noch einmal eine Discussion über die antiseptische Wundbehandlung im grossen Massstabe anzuregen, und mit Freuden bin ich bereit gewesen, dem ehrenvollen Auftrage, einige Worte über die Sublimatbehandlung zu sagen, nachzukommen. Indessen will ich hier zur Kennzeichnung meines Standpunktes Eines vorausschicken, was meiner Ansicht nach nicht scharf genug betont und nicht oft genug wiederholt werden kann, und was ganz besonders hervorgehoben werden muss, wenn einer von uns Epigonen über eine besondere Form der antiseptischen Behandlung spricht in einem gewissen Gegensatz zu der von dem genialen Begründer der antiseptischen Chirurgie, Lister selbst, empfohlenen, allbekannten Methode, und zu einem kritischen Vergleich beider herausfordert. Wo immer von antiseptischer Chirurgie, von verschiedenen Methoden der Antiseptik die Rede ist, müssen wir uns bewusst bleiben, dass alle diese scheinbar so mannigfachen Modificationen im Grunde doch nur in sehr unwesentlichen Dingen verschiedene Spielarten des ursprünglichen Verfahrens sind, und dass alle Abänderungen nur so lange brauchbar, nur so lange zulässig sind, als die ein für allemal feststehenden

1*

Principien dabei unangetastet bleiben. An diesen ist nichts zu ändern gewesen und wird schwerlich jemals etwas zu ändern sein. Wohl kann, wer ganz von ihnen durchdrungen ist, sich innerhalb der bestimmten Grenzen eine grosse Freiheit der Bewegung gestatten. Die Wahl des Antisepticums. die Wahl des Verbandstoffes, die Benutzung von Spray oder Irrigation, die Form der Drainage und manches andere — das alles sind Dinge, hinsichtlich derer dem individuellen Belieben und den besonderen Bedürfnissen der äusseren Lage in denkbar freiester Weise Rechnung getragen werden darf. Aber nicht nur das Ziel, sondern auch der Weg, der dazu führt. ist immer und immer nur ein und derselbe, immer nur der, den uns Lister gezeigt hat. Alle unsere neuen Methoden haben nur den Werth verschiedener, und wie ich allerdings glaube. zum Theil verbesserter Beförderungsmittel auf diesem einen Wege. Wer aber von ihm abweicht, wird das Ziel nicht erreichen!

Ich bitte die geehrte Versammlung, dies im Auge zu behalten. wenn ich Ihnen heute die Vorzüge eines andern antiseptischen Verfahrens, als des von Lister selbst benutzten, darlegen werde.

Sie müssen mir gestatten, Ihnen mit wenigen Worten auseinander-zusetzen, wie ich überhaupt dazu gekommen bin, nach etwas anderem und besserem. als der Lister'sche Carbolverband ist, zu suchen. Zeuge der unerhörten Umwälzung, welche die Einführung der Lister'schen Wundbehandlung in die Hallische Universitätsklinik in dem Heilungs-verlauf der Wunden wie durch einen Zauberschlag hervorbrachte, war ich ein begeisterter und überzeugter Vertreter der neuen Wahrheit, als ich bald darauf zur selbständigen Leitung einer der grössten jetzt exi-stirenden chirurgischen Abtheilungen nach dem städtischen Krankenhause in Berlin berufen wurde. Vielen der verehrten Anwesenden ist ja diese vorzügliche Anstalt bekannt. Unter den besten äusseren Verhältnissen arbeitend, hatte ich nur immer wieder Ursache, mit den erzielten Resul-taten durchaus zufrieden zu sein, und obwohl bald die Belegung meiner Abtheilung einen täglichen Durchschnitt von 250 erreichte und zeitweilig selbst überstieg, gelang es, accidentelle Wundkrankheiten in der voll-kommensten Weise fern zu halten.

Fünf Jahre später, mit viel reicheren Erfahrungen ausgerüstet. über-nahm ich die chirurgische Station des Hamburger Krankenhauses. Schon mein Vorgänger Martini hatte eine strenge Lister'sche Wundbehand-lung eingeführt, aber die Resultate, wenn auch weit besser als früher, waren doch nicht so gewesen, wie ich geglaubt hätte, nach meinen Er-fahrungen in Halle und Berlin erwarten zu dürfen. In der festen Ueber-zeugung, dass nur eine mangelhafte Technik Schuld daran gewesen sei, ging ich an's Werk. Aber Sie können sich meine Enttäuschung denken, als auch unter meiner Behandlung zahlreiche Wunden anders verliefen, als ich es zu sehen gewohnt war. Prima intentio blieb sehr oft aus. wo ich sie bestimmt erwartet hatte, leichtere Wundinfectionen waren häufig, selbst die schwereren, Erysipelas, Septicämie, liessen sich nicht ganz fernhalten; nur von der eigentlichen Pyämie blieb ich verschont. Von der schon erreichten, fast unfehlbaren Sicherheit des Erfolges, die unter zahlreichen Umständen die bisher befolgte Methode mir gewährleistet hatte, war nicht allzuviel übrig geblieben.

Hier mussten also Verhältnisse vorliegen, denen die antiseptische Wirksamkeit des Lister'schen Verfahrens, wie ich es bisher in strengster Befolgung seiner Vorschriften geübt hatte, nicht ganz gewachsen war; und in der That liessen sich ohne Weiteres zahlreiche Momente namhaft machen, welche für das Gelingen des antiseptischen Experimentes ungünstig wirken mussten.

Das in seinen älteren Theilen vor circa 50 Jahren erbaute Krankenhaus entspricht selbstverständlich nur noch sehr mangelhaft den Ansprüchen, die wir heute an ein solches stellen müssen. Sehr tiefe, relativ niedrige und dunkle Zimmer — ungünstige Lage der Closets, mit dem Zugang direct vom Krankensaal, mit Fensteröffnungen nach dem gemeinsamen Corridor — enorme Ueberfüllung, so dass der auf den einzelnen Kranken entfallende Kubikraum Luft kaum mehr als ein Drittel des im Friedrichshain vorhanden gewesenen betrug, nämlich 6—700 Kubikfuss gegen 1800, boten sich sofort als eben so leicht zu erkennende, wie schwer zu beseitigende Uebelstände dar. Ein weiterer lag wohl ohne Frage darin, dass die Kranken mit verschwindenden Ausnahmen ihre eigene, nicht immer sehr saubere Kleidung weiter zu tragen berechtigt sind. Die Anlage eines Schlachthauses für die Bedürfnisse der Anstalt, eines Anatomiegebäudes, in welchem ungefähr 1500 Leichen jährlich secirt werden, auf dem zwar grossen, aber nach heutigen Begriffen für solche Zwecke doch unzureichenden Terrain des Krankenhauses, die Aufnahme von durchschnittlich jährlich 2—300 Phlegmonen und Erysipelen auf die chirurgische Station, die Lage einer Abtheilung für Syphilis und Hautkrankheiten von mehreren hundert Betten in unmittelbarer Nachbarschaft der ersteren, mit all den schwer oder gar nicht aseptisch zu haltenden Eiterungen und Secretionen — die Verpflegung vieler unoperirbarer jauchender Carcinome in der Anstalt — das alles sind Dinge, deren schlechter Einfluss auf die Luft eines grossen Corridorkrankenhauses nicht erst besonders bewiesen zu werden braucht, mit denen aber ein modernes Pavillonhospital, oder eine kleinere Anstalt, wie die meisten Universitätskliniken sie darstellen, theils gar nicht oder nur in sehr abgeschwächter Weise, theils doch nur unter sehr viel günstigeren Bedingungen zu kämpfen haben.

Nun kommt die absolute Grösse des Krankenmaterials dazu. Es genügt, Ihnen zu sagen, dass die Belegung meiner Abtheilung in den ersten sechs Monaten dieses Jahres eine durchschnittliche Höhe von fast

genau 500 erreichte, dass sie längere Zeit die enorme Zahl von 600 über-
schritt, dass neben einer Poliklinik von circa 14 000 Patienten, welcher
fast alle leichter Kranken zugewiesen werden, 3—4000 grösstentheils
schwere oder doch bettlägerige Patienten auf die Station aufgenommen
werden und dass die Zahl der grösseren Operationen im vergangenen Jahr
beinahe 1400 betrug. In den ersten sieben Monaten dieses Jahres wurde
die Zahl 1000 bereits überschritten.

Durch eine vortreffliche Organisation, durch die nach und nach,
Dank dem bereitwilligsten Entgegenkommen der Verwaltung erreichte
Möglichkeit einer vollständigen Isolirung aller infectiösen Kranken, durch
die Abtrennung einer chirurgischen Secundärabtheilung, welcher ausser
einer Anzahl leichter Kranken eben die Infectiösen überwiesen werden
und auf welcher die Detailbehandlung einem zweiten Arzte übertragen
ist, ist allerdings das Mögliche geschehen, um einerseits die Gefahr einer
directen Uebertragung von Wundkrankheiten auf das geringste Mass zu
reduciren, andrerseits die einheitliche Leitung eines so gewaltigen Organismus überhaupt zu ermöglichen. Dass trotzdem die Schwierigkeiten einer
hinreichenden Beaufsichtigung und Ueberwachung bei einer so grossen
Abtheilung — namentlich wenn sie der übersichtlichen Gliederung eines
Baracken-Krankenhauses entbehrt — ganz andere sind, wie in kleineren
Anstalten, ist selbstverständlich. Ich will gar kein grosses Gewicht darauf legen, dass die Zeit, welche der dirigirende Arzt durchschnittlich dem
einzelnen Kranken widmen kann, eine beschränktere ist und dass noth-
wendiger Weise den Assistenzärzten eine grössere Selbständigkeit einge-
räumt werden muss, als anderswo — alle hiervon etwa zu fürchtenden
Nachtheile lassen sich mit der nöthigen allseitigen Hingabe an so ernste
Aufgaben in ihr Gegentheil verwandeln — aber für weit wichtiger halte
ich es, dass auch die Beaufsichtigung der Wärter und Wärterinnen hinsichtlich ihrer persönlichen Sauberkeit durch ihre grosse Anzahl — es
sind zusammen etwa 50 Personen — ausserordentlich erschwert wird.
Von einer wirklichen Schulung derselben aber bis zu einer Art, wenn
ich es so nennen darf, »antiseptischen Bewusstseins«, wie man es bei dem
altgedienten Wartepersonal so vieler kleineren Anstalten findet, kann bei
uns schon deshalb gar keine Rede sein, weil die zahlreichen lohnenderen
Erwerbszweige, die sich einem kräftigen arbeitsfähigen Menschen an einem
so verkehrsreichen Platz wie Hamburg bieten, den Krankenwärterdienst
immer nur als einen vorübergehenden Nothbehelf betrachten lassen und
die Heranbildung eines Stammes tüchtiger und erfahrener Wärterkräfte
überhaupt fast zu einem Ding der Unmöglichkeit machen.

Ich habe Sie, meine Herren, mit diesen Details behelligen müssen,
um zu zeigen, wie reichlich unter den gegebenen Verhältnissen die Gelegenheit zur Infection der Wunden vorhanden, wie schwer es war, alle
Gefahren für dieselben mit Sicherheit auszuschliessen und ein wie drin-

gendes Bedürfniss vorlag, die Carbolsäure, mit welcher man bei subtiler Anwendung so glänzende Resultate zu erreichen vermag, durch ein Antisepticum zu ersetzen, welches die pathogenen Keime entweder schneller und sicherer tödtete, oder aber durch die Möglichkeit einer anhaltenderen Einwirkung die Chancen des Erfolges erböhte. Es war die Zeit, wo die ersten glänzenden Erfolge von der Anwendung des Jodoforms gemeldet wurden. Nach vorübergehenden Versuchen mit andern Mitteln wandte auch ich ihm bald meine ungetheilte Aufmerksamkeit zu. Aber, meine Herren, so gross meine Erwartungen waren, so bitter war meine Enttäuschung. Trotz vieler glänzender Einzelresultate, trotz des bestechenden Verlaufes zahlreicher schwerer Verletzungen, Operationen und Eiterungen, trotz der enormen desodorisirenden Wirkung, trotz des scheinbar so güustigen Einflusses auf tuberculöse Processe — trotz all dieser so schätzenswerthen Eigenschaften zeigte es sich für meine Bedürfnisse wenigstens als absolut unzureichend. Ich will nicht von den traurigen Erfahrungen sprechen, die sicherlich wenigstens zum Theil einer, wie wir jetzt ja wissen, unvorsichtigen und übermässigen Verwendung des Jodoforms Schuld gegeben werden müssen, obwohl ich schwere und selbst tödtliche Vergiftungen erlebt habe bei Dosen, die auch heute noch als erlaubt gelten. Die Fiction von der Unschädlichkeit dieses gefährlichen Mittels ist ja, trotz der Versicherungen und des Spottes des Herrn Mosetig, längst zerstört und überall ist die anfangs beinahe unbeschränkte Verwendung auf ein bescheidenes und vorsichtiges Mass zurückgeführt. Aber es zeigte sich, dass, trotzdem die Desinfection der frischen Wunden und ihrer Umgebung in alter Weise mit der Carbolsäure ins Werk gesetzt wurde, das Jodoform noch viel weniger als der Lister'sche Occlusivverband im Stande war, Sepsis, Erysipele und Pyämie zu verhindern.

Ich habe es schon anderwärts ausgesprochen, und viele Beobachter haben das bestätigt, wie namentlich das Erysipelas unter der Herrschaft des Jodoforms eine früher ungekannte Ausbreitung und Häufigkeit gewann. Aber nicht genug damit, dass es häufiger wurde: seine Bösartigkeit nahm in noch viel intensiverem Masse zu. Was ich seit dem Jahre 1872, wo wir zuerst die Lister'sche Behandlung in die Hallische Klinik einführten, nicht mehr gesehen hatte, geschah: die Erysipele führten grossentheils in der rapidesten Weise zur typischen embolischen Pyämie. Der Verlauf war immer derselbe: eine prächtig granulirende Wunde, ein dicker Jodoformbelag, sorgfältiger Verband; auf einmal Schüttelfrost, Temperatur von 40—41, äusserst elendes Befinden, Erysipel. — Am folgenden oder nächstfolgenden Tage neuer Schüttelfrost, metastatische Gelenkeiterung — dann neue Fröste, Lungenembolien, Icterus, Schweisse — kurz das Ihnen allen bekannte Bild mit dem sicher tödtlichen Ausgang. Während ich im Friedrichshain im Verlauf von 5 Jahren unter mehr als 10 000 stationär behandelten Kranken 26 Erysipele mit zwei Todesfällen erlebte, während im Jahre 1880 im Hamburger Krankenhause 11 Erysipele mit 3 Todesfällen vorkamen, brachte schon die erste Hälfte des Jahres 1881, in welche die ersten Versuche mit dem Jodoform und der allmähliche Uebergang zu ihm hineinfielen, ebenfalls 11 Erysipele mit 2 Todesfällen. Dann aber, als vom Juli ab das Jodoform immer mehr zur Alleinherrschaft kam, stieg die Zahl derselben vom Juli bis December auf 23, und wir hatten unter diesen 23 nicht weniger als 9 Todesfälle; und im Januar 1882, wo ganz wesentlich nicht mehr mit Pulververbänden sondern mit Jodoformgaze gearbeitet wurde, erlebten wir 5 Erysipele mit 4 tödtlichen Ausgängen, im Ganzen also in 13 Monaten die erschreckende Zahl von 39 Erysipelen mit 15 Todesfällen, von denen 17 mit 6 Todten unter Occlusivverbänden mit reichlichem Jodoformpulver, 5 mit 4 Todten unter Jodoformgaze entstanden waren.

Hiernach wird es jeder begreiflich finden, dass ich den Muth zu weiteren Experimenten mit einem Mittel verlor, welches vor Infectionen so wenig sicher schützte, und welches andererseits noch ausserdem durch schwere Intoxicationen Leben und Gesundheit der Kranken bedrohte[1].

Kurz vor dieser Zeit waren die bekannten Veröffentlichungen des deutschen Reichgesundheitsamtes herausgekommen, in welchen Robert Koch von neuem auf die ausserordentlich starke desinficirende Kraft des Sublimates aufmerksam macht. Da mir ausserdem bekannt war, dass Bergmann bereits seit Jahren Sublimatverbandstoffe benutzte und mit dem Erfolge zufrieden war, so wurde mir der Entschluss leicht, ebenfalls einen Versuch mit diesem Mittel zu machen.

Ueber unsere ersten Resultate hat bereits auf dem deutschen

1) Herrn Mosetig, welcher in seiner Entgegnung auf diese Angaben in Kopenhagen die Ehre des Jodoforms durch die Behauptung zu retten suchte, dass im Jahre 1851 die Erysipele überall in besonders grosser Zahl aufgetreten seien, kann ich nur erwidern, dass ich niemals behauptet habe, dass die Erysipele durch das Jodoform entständen, sondern nur, dass dieses nicht vor ihnen schützt. Das muss man denn aber doch von einem guten Antisepticum verlangen. Die Carbolsäure erfüllt diese Forderung ziemlich sicher, das Sublimat vollkommen, das Jodoform gar nicht. Dass man hinsichtlich der Erysipele bessere Resultate haben wird, wenn man, wie Mikulicz empfahl, die Wunden zuerst sorgfältig mit Sublimat desinficirt und dann mit Jodoform verbindet, bezweifle ich keinen Augenblick. Dasselbe Verfahren befolge auch ich, wenn ich ausnahmsweise Jodoform anwende, da nämlich, wo mit flüchtigen oder leicht löslichen Mitteln überhaupt keine wirksame Antisepsis zu treiben ist, wie im Munde, im Pharynx, im Rectum, auch wohl in der Vagina, oder wo es sich um die Stillung einer Blutung aus grösseren Gefässen durch Tamponade handelt, wie seiner Zeit Küster mit vollem Recht hervorhob. In letzter Beziehung gelang mir einmal die Heilung einer weiten Eröffnung des Sinus transversus unter einem Verband. In diesen Fällen ist das Jodoform, und zwar in Gestalt von Jodoformgaze, auch meiner Ansicht nach, nicht zu ersetzen. Für eine allgemeine Verwendung hat es sich, für meine Bedürfnisse wenigstens, nicht als zureichend erwiesen.

Chirurgencongresse von 1882 mein früherer Assistenzarzt Dr. Kümmell berichtet. Sie waren ausserordentlich ermuthigend, und was uns von vorn herein mit besonderem Vertrauen zu dem neuen Mittel erfüllte, war das sofortige Erlöschen der Erysipele. Sie verschwanden mit demselben Tage, an welchem das Jodoform durch das Sublimat ersetzt wurde, um nicht wiederzukehren [1].

Aber auch im Uebrigen hielt uns das Sublimat für die Wundbehandlung vollkommen, was es nach den vorliegenden Erfahrungen als Desinficienz versprochen hatte, und heute, nachdem es seit $2\frac{1}{2}$ Jahren im Wesentlichen das einzige Antisepticum auf meiner Abtheilung gewesen ist, kann ich nur in womöglich noch verstärktem Masse bestätigen, was schon nach einigen Monaten von Herrn Dr. Kümmell gesagt worden ist. Nicht nur ist die Sicherheit gegen schwerere Infectionen eine vollkommene, sondern die Wunden zeigen durchschnittlich einen so idealen, reizlosen Verlauf, wie er selbst unter der Carbolgaze nicht in gleicher Vollständigkeit und Häufigkeit beobachtet wird.

Gestatten Sie nun, dass ich Ihnen mit zwei Worten das Wenige mittheile, was über die Technik seiner Anwendung gesagt werden muss. Wir benutzen für gewöhnlich zwei Lösungen, die stärkere 1 : 1000, die schwächere 1 : 5000. Die erstere dient zur Desinfection der Hände, der Haut des Kranken, der Schwämme und Drainröhren und aller Wunden, welche zufällig entstanden sind und von aussen hereingebracht werden: die zweite, schwächere, zur Berieselung von Operationswunden in zweifellos gesunden Geweben. Wird an Theilen operirt, die nicht mit Sicherheit als gesund angesehen werden können, so wird die Bespülung mit der schwächeren Lösung von Zeit zu Zeit durch eine solche mit der stärkeren ersetzt. Allerdings vertragen die meisten Menschen und die meisten Wunden auch die dauernde Bespülung mit der $1^0/_{00}$ Lösung während der ganzen Operationszeit. Die Gewebe leiden nicht darunter, die Wundreaction, die Neigung zur prima intentio, die Stärke der Secretion wird in keiner merklichen Weise dadurch beeinflusst und

---

1) Vereinzelte Ausnahmen verstärken nur die Beweiskraft des oben Gesagten: so wurden einige Gesichtserysipele beobachtet und drei Erysipele von Wunden, die nicht mehr mit Sublimat behandelt wurden, ein Beweis, dass es an dem Infectionsstoff nicht fehlte. Alle diese Fälle verliefen glücklich. Einen tödtlichen Ausgang nahm leider ein vierter, in welchem offenbar eine directe Ansteckung stattgefunden hatte. Eine neu aufgenommene Phlegmone cruris wird eines Abends, da die Abtheilung für Infectiöse überfüllt war, neben eine 70jährige Greisin mit fast geheilter Oberarmputation gelegt, deren Stumpf nur noch mit einer feuchten Sublimatcompresse bedeckt war. Am andern Morgen zeigt sich, dass sich ein Erysipel zu der Phlegmone hinzugesellt hat. Die Patientin wird nun sofort verlegt, aber die sehr unruhige Amputirte, die sich fortwährend an dem Verband zu schaffen machte, bekam ein Erysipel und starb nach wenigen Tagen an Erschöpfung. Das ist aber auch alles, was in Zeit von 30 Monaten an Erysipelen vorgekommen ist.

kleinere Wunden können ohne jedes Bedenken allein mit der stärkeren Lösung behandelt werden. Bei grossen Wundflächen führt ein ausgiebigerer Gebrauch derselben indessen doch nicht selten zu Intoxicationen, die bei Verwendung der schwächeren Lösung von mir noch nicht beobachtet sind. Zur Verhütung einer Infektion während der Operation ist die letztere vollkommen genügend.[1]

Zum Verband wird im Wesentlichen das Torfmoos Sphagnum) benutzt, welches vor etwas mehr als einem Jahre von Leisrink und Hagedorn empfohlen wurde, damals übrigens auch auf meiner Abtheilung schon in fast ausschliesslichem Gebrauche war. Die früher benutzen Träger für das Antisepticum, Asche und Sand, habe ich seit etwa 1½ Jahren grösstentheils wieder aufgegeben, (nur der Sand wird zum Ausfüllen von Höhlenwunden, namentlich Knochenhöhlen, hin und wieder noch benutzt) nicht, weil ich mit ihren Wirkungen unzufrieden gewesen wäre — man bekommt auch mit ihnen, wie wir gezeigt haben, glänzende Resultate — sondern weil das Moos elastischer, sauberer und leichter zu handhaben, somit für Arzt und Kranken angenehmer ist. Das Bessere ist eben der Feind des Guten. Damals war es mir von besonderem Interesse gewesen, zu zeigen, dass auch mit Sand und Asche, mit Stoffen, die überall zu haben sind, gute und zweckentsprechende Verbände hergestellt werden können, ohne einen Augenblick zu verkennen, dass sie nicht gerade etwas Unübertreffliches darstellen.

Vor der jetzt vielfach beliebten Holzwolle hat das Moos den nicht unbedeutenden Vorzug der längeren Faserung, die es krauser Charpie nicht unähnlich macht, und dass es den damit hergestellten Verbandstücken eine äusserst gleichmässige Dichtigkeit verleiht. Die Holzwolle mit ihren kurzen Fasern ballt sich dagegen, namentlich in den grösseren Kissen, leicht zu einzelnen Klumpen zusammen, und es bedarf bei der Anlegung des Verbandes grosser Aufmerksamkeit, um die Entstehung von Lücken in der Füllung der Kissen und somit von Stellen zu vermeiden, an denen die Wunde ohne genügenden Schutz den Einflüssen der äusseren Luft mit ihren Schädlichkeiten ausgesetzt ist.[2]

1. Sublimatspray, wie irrthümlich in dem Bericht des Regimentsarztes v. Fillenbaum über meine Abtheilung (s. Wiener medic. Wochenschrift 1884, No. 15 und 16) angegeben wird, habe ich niemals gebraucht, würde ihn auch für zu gefährlich für Aerzte und Wärter halten. Ich benutze den Spray, und zwar Carbolspray, seit Jahren nur noch zur allgemeinen Reinigung der Luft, indem ein grosser Dampfspray, der von einer Abzweigung der grossen Dampfmaschine gespeist wird, vor Beginn der Operationen eine Stunde lang in Thätigkeit gesetzt wird, um die Luft zu reinigen und alle Staubtheilchen niederzuschlagen. Nur bei Laparotomien, wo eine Irrigation der Wunde ja ausgeschlossen ist, bleibt dieser indirecte Carbolspray auch während der Operation selbst in Thätigkeit. Auch hinsichtlich der Stärke der verwendeten Lösungen finden sich in F.'s sehr freundlichem Bericht einige Ungenauigkeiten, die ich nach dem im Text Gesagten zu corrigiren bitte.

2. Die so eifrig ventilirte Frage, ob Moos, Torf, Holzwolle oder ein anderer Stoff

Das Moos wird, nachdem es von zufälligen Beimischungen möglichst sorgfältig befreit worden, einige Stunden in eine Sublimatlösung von 1 : 500 gelegt, dann mit den Händen stark ausgedrückt und nun, in noch feuchtem Zustande, so in eine Hülle von Sublimatgaze eingenäht, dass flache Kissen von etwa 2 cm Dicke entstehen. Die Kissen haben für die verschiedenen Zwecke natürlich eine sehr verschiedene Grösse. Die von uns gewöhnlich vorräthig gehaltenen sind quadratische von 12, 18 und 40 cm, und rechteckige von 12 : 18, 18 : 36, 36 : 54 und 54 : 70 cm Seitenlänge. Die fertigen Kissen werden sofort in noch feuchtem Zustande in Pergamentpapier eingeschlagen und in einem mit Glasplatten ausgekleideten hölzernen Kasten aufbewahrt. Bei uns wird indess in der Regel nicht viel mehr als der Bedarf für einen Tag im Vorrath gehalten. Sollte bei längerer Aufbewahrung das Moos trocken geworden sein, so müssten die Kissen von neuem in Sublimatlösung eingetaucht und wieder ausgedrückt werden. Ganz trocknes Moos hat seine Saugfähigkeit ungefähr ebenso eingebüsst wie ein ganz trockener Schwamm.

Sublimatwatte und Sublimatgaze, welche neben dem Torfmoos für bestimmte Zwecke ihre Verwendung finden, werden jetzt ebenfalls einfach durch Eintauchen der betreffenden Stoffe in eine wässrige, nur mit etwas Glycerin versetzte Sublimatlösung hergestellt. Dieselbe besteht aus 1 Theil Sublimat, 190 Wasser, 10 Glycerin. Watte und Gaze können schon nach einigen Minuten durch eine kleine Wringmaschine gezogen werden, werden eine Stunde zum Trocknen aufgehängt und sind dann zum Gebrauch fertig: sie werden ebenso aufbewahrt wie die Mooskissen. Der Glycerinzusatz verhindert durch dessen hygroskopische Eigenschaften das gänzliche Austrocknen der Verbandstoffe und erhöht ihre Saugfähigkeit.

Die schon von Kümmell angeführte Glaswolle oder Glaswatte, ein Gewirr feinster, seidenartig glänzender, gesponnener Glasfäden von ausserordentlicher Weichheit und Schmiegsamkeit, nimmt nach wie vor unter

ein Paar Procente Flüssigkeit mehr oder weniger aufzusaugen im Stande ist, als die übrigen, verdient meiner Ansicht nach nicht entfernt die Aufmerksamkeit, welche man ihr gewidmet hat. Bei der geringen Secretion aseptischer Wunden wird die Absorptionsfähigkeit der meisten jetzt benutzten Stoffe selten ganz in Anspruch genommen und noch seltner wird ein geringes plus oder minus dieser Eigenschaft ausschlaggebend werden dafür, ob ein Verband einen Tag früher oder später gewechselt werden muss. Uebrigens leiden meines Wissens sämmtliche Tabellen über Absorptionsfähigkeit von Verbandstoffen an dem einen sehr groben principiellen Fehler, dass stets die Gewichtsprocente der absorbirbaren Flüssigkeitsmengen statt der Volumenprocente berechnet werden. Bei einem solchen Verfahren ist natürlich der specifisch schwerere Verbandstoff von vornherein im Nachtheil. Werden nun Stoffe von so verschiedenem specifischen Gewicht wie etwa Torf und Sand miteinander verglichen, so erscheint das bekanntlich ausgezeichnete Aufsaugungsvermögen des Sandes als verschwindend klein gegenüber dem des Torfes — quod erat demonstrandum. Gegen solche Ungereimtheiten im Gewande einer exacten Forschung muss denn doch protestirt werden.

unseren Verbandmitteln einen hervorragenden Platz ein. Sie wird dauernd in einer 1 %igen wässrigen Sublimatlösung aufbewahrt und aus dieser erst unmittelbar vor dem Gebrauch entnommen.

Die von Kümmell mitgetheilte Vorschrift für die Darstellung von Sublimatcatgut hat eine kleine Abänderung erfahren. Das Rohmaterial wird, fest auf dicke Rollen gewickelt, in eine $1^0/_{00}$ wässrige Sublimatlösung gelegt. Die dünneren Sorten verweilen darin 6, die dickeren 12 Stunden. Dann legt man die ganzen Rollen einfach in absoluten Alkohol. Schon nach weiteren 12 Stunden ist das Catgut zum Gebrauch fertig. Auch die weitere Aufbewahrung geschieht nur in absolutem (95 %) Alkohol ohne weiteren Zusatz. Das Catgut bleibt, so präparirt, dauernd gleichmässig fest, während es bei Zusatz auch nur kleiner Quantitäten Sublimat zum Alkohol entschieden allmählich etwas zerreisslicher wird. Es ist sehr schmiegsam, knotet sich leicht, reizt die Wunden nicht und resorbirt sich sehr prompt je nach der Stärke des Fadens und der Energie des Stoffwechsels und der Circulation in dem betreffenden Körpertheil in frühestens 3—4 Tagen, längstens 2—3 Wochen. Die stärkeren Nummern brauchen indess immer wenigstens 9—10 Tage zur Aufsaugung. Ich bin mit diesem Sublimatcatgut so zufrieden, dass ich ausschliesslich damit unterbinde und fast ausschliesslich damit nähe. Auch zu sämmtlichen Massenligaturen und Stielunterbindungen bei Ovariotomien, Uterusexstirpationen u. s. w. zu allen Darmnähten, Colporrhaphien etc. etc. bediene ich mich lediglich des Catguts, ohne dass es mir jemals den Dienst versagt hätte. Nur die Naht der Bauchdecken nach Laparotomien wird stets mit Seide ausgeführt, und wo starke Spannungen zu überwinden sind, wie z. B. bei manchen Dammplastiken, werden einzelne Draht- oder Seidensuturen eingeschaltet.[1]

Die Anlegung des Verbandes geschieht nun in folgender Weise: Nachdem mit Hilfe von zwei ganz grossen Schwämmen noch einmal alles Blut aus der Wunde durch festen Druck herausgepresst ist, werden genähte Wunden zunächst mit einer dünnen Lage der unmittelbar vorher aus der 1 %igen Sublimatlösung entnommenen, noch feuchten Glaswolle bedeckt. Darüber kommen je nach Grösse und Gestalt der Wunde kleinere Mooskissen in wechselnder Zahl, welche die Aufgabe haben, alle Unebenheiten auszufüllen und überall die Wundtheile, die mit einander verkleben sollen, in ihrer ganzen Ausdehnung sicher gegen einander ge-

---

[1] Wir beziehen das rohe Catgut von Dr. F. Dronke, Berlin W., Potsdamerstrasse 29. Dasselbe zeichnet sich, wenn auch mitunter etwas weniger feste Fäden vorkommen, im Ganzen durch eine sehr grosse und gleichmässige Festigkeit, Schmiegsamkeit und einen sehr glatten und runden Faden vor den meisten von den Verbandstofffabriken vertriebenen Catgutsorten vortheilhaft aus. Die Glaswolle stammt aus böhmischen Glasspinnereien und ist bei Hasche u. Woge, Hamburg, Catharinenstrasse, zum Preise von 46 M pro Kilo zu haben. Unser ganzer Verbrauch beläuft sich auf etwa 2 Kilo im Jahr.

drückt zu erhalten. Zu dem Zwecke werden sie, im Bedürfnissfall jedes einzeln für sich sofort mit einer aus Sublimatgaze gefertigten Binde in der gewünschten Lage befestigt, wobei in der Regel ein ziemlich bedeutender Grad von Compression ausgeübt wird. Das Ganze wird dann noch einmal mit einem grossen, den Unterverband nach allen Seiten weit überragenden Mooskissen eingehüllt, und auch dieses mit einfachen Gazebinden, denen wir schliesslich in der Regel noch eine feuchte, appretirte, klebende Binde hinzufügen, fixirt.

Offene Wunden werden theils mit Sublimatkrüllgaze (oder seltener mit Sublimatsand) ausgefüllt, theils einfach mit einer dünnen glatten, etwa 2—4fachen Gazeschicht bedeckt und dann mit den Mooskissen verbunden.

Ich möchte besonders hervorheben, dass ich von jeder Verwendung irgend eines wasserdichten Stoffes bei meinen Verbänden absehe. Weit entfernt davon, dass man etwa mit seiner Hilfe die Verbände länger liegen lassen, das Durchschlagen der Secrete weiter hinausschieben könnte, bewirken sie vielmehr gerade das Gegentheil. Eine wasserdichte Umhüllung hindert die Verdunstung des Wundsecrets sowohl wie die Perspiration, und die feuchte Wärme, die sich nun entwickelt, vermehrt ganz direct die Wundsecretion um ein Beträchtliches. Durch die Mooskissen allein, welche jeden Tropfen Secret sofort über eine möglichst grosse Fläche verbreiten, findet dagegen eine ganz ungehinderte Verdunstung statt. Die Secrete werden eingedickt, und während selbst bei grossen offenen Wunden die Verbände sehr lange trocken bleiben, hört bei kleineren häufig die Absonderung sehr bald ganz auf und es kommt zu einer Heilung unter dem Schorf.

Es ist mir ferner nicht zweifelhaft, dass die rasche Austrocknung der Wunde auf das Gelingen der prima intentio einen ungemein günstigen Einfluss ausübt, wie ich andererseits der Ueberzeugung bin, dass das undurchlässige Lister'sche Protective, indem es den dünnen Schorf zwischen den Rändern einer genähten Wunde feucht und weich erhält, nicht nur die Consolidation der ersten Verklebung stark verzögert, sondern auch die Dauer der Infectionsmöglichkeit bei der schon verklebten Wunde ganz unnöthig verlängert. Es bedarf keines Beweises, dass ein feuchter, weicher Schorf, ein weiches Coagulum, den Fäulnisserregern einen viel bequemeren Angriffspunkt bietet, als ein ganz trockner.

Die oben erwähnte Glaswolle hat sich uns nun als ein ganz besonders geeignetes Material erwiesen, eine genähte Wunde in den für die prima intentio denkbar günstigsten Zustand der raschen Trockenlegung zu versetzen. Die capillare Saugkraft derselben ist eine ganz ungemein grosse, so dass jeder Tropfen der anfangs abgesonderten blutig-serösen Wundflüssigkeit in der dünnen, die ganze Wunde deckenden Schicht der Glaswolle sich mit grösster Schnelligkeit der Fläche nach ausbreitet und an

14

das Moos weiter gegeben wird, wo er verdunstet. Unter diesen Umständen versiegt die Secretion in kürzester Zeit ganz. Die Glaswolle
backt mit dem gänzlich austrocknenden Secret zu einem festen, collo-
diumartigen Schorf zusammen, der der jungen sich bildenden Narbe einen
weiteren Schutz gegen mechanische Schädlichkeiten sowohl wie gegen
Infection gewährt, und der Erfolg ist ein ganz ausserordentlich reactions-
loser Wundverlauf, ein beinahe unfehlbares Gelingen der prima intentio
und die Bildung einer ungemein glatten und feinen Narbe.[1]

Die Drainage, auf welche ich eine sehr grosse Sorgfalt verwende,
wird fast ausschliesslich mit Gummidrains bewerkstelligt. Alle die sehr
dankenswerthen und von mir vielfach geprüften Versuche, andere Mate-
rialien für die Drainage zu benutzen oder diese ganz überflüssig zu
machen, haben meiner Ansicht nach trotz vieler sehr schöner Resultate
noch nicht zu dem Grad von Sicherheit vor Secretverhaltungen geführt,
wie man sie mit dem Gummidrain ohne grosse Mühe erreicht; und obwohl ich diesen Bestrebungen sehr sympathisch gegenüberstehe, will ich
einstweilen doch lieber auf den Ruhm, eine Anzahl grösserer Wunden
unter einem einzigen Verband geheilt zu haben, verzichten und mich der
Mühe eines einmaligen Verbandwechsels unterziehen, als hin und wieder
eine unangenehme Retention erleben. Auch die Glasflechten, die eine
Zeitlang auf meiner Abtheilung fast ausschliesslich im Gebrauch waren,
finden nur noch eine beschränkte Verwendung. Es kommt nämlich vor, dass
die Secrete an der Mündung des Drainkanals so rasch eintrocknen, dass
jede Capillarwirkung durch das Glasflechtendrain aufhört und Retentionen
eintreten; und wenn diese auch bei der Sublimatbehandlung sehr merk-
würdiger Weise fast immer nur in Ansammlungen von rein seröser oder
synoviaähnlicher, gänzlich aseptischer Flüssigkeit bestehen, nach deren
Abfluss doch noch sehr häufig eine unmittelbare Verklebung der Wundflächen zu Stande kommt, so wird diese in andern Fällen eben doch gestört.
Aus diesem Grunde brauche ich die Glasflechten im Wesentlichen nur noch
bei kleineren Wunden, wo Gummidrains die Theile unverhältnissmässig

1) Ob es gerade nöthig ist, die Glaswolle in einer 1 %igen Sublimatlösung auf-
zubewahren, ist wohl sehr fraglich. Die gewöhnliche Concentration von 1⁰⁄₀₀ würde
wohl auch genügen. Wir haben indess die zu Anfang gewählte Concentration, die
auch der Wunde einen letzten sichern Schutz gegen Infection von aussen gewähren
sollte, beibehalten, da den vorzüglichen Erfolgen keinerlei Nachtheile gegenüberstanden.
Grössere offene Wunden darf man freilich nicht damit verbinden, wenn man nicht eine
sehr erhebliche Intoxikationsgefahr laufen will. Andrerseits würden sich die feinen Glas-
fasern mit den Geweben zu sehr verfilzen. Hier ist aber auch gar kein Grund für die
Anwendung der Glaswolle vorhanden, da die Secrete überall, wo sie entstehen, sofort
von selbst mit aufsaugenden Stoffen in breiter Fläche in Berührung treten, während es
sich bei genähten Wunden darum handelt, die aus einzelnen engen Oeffnungen hervor-
quellende Wundflüssigkeit möglichst rasch und sicher auf eine grössere Fläche zu ver-
theilen.

auseinander drängen würden, und bei grösseren als Adjuvans, indem neben ein kurzes Gummirohr am Wundausgang längere Glasflechten in die tieferen Buchten und Taschen gelegt werden, welche nicht bequem an ihrer tiefsten Stelle durch Contraincisionen zugänglich gemacht werden können.

Der Verlauf ist nun bei allen Wunden, welche überhaupt prima heilen können, ein ganz typischer und wiederholt sich mit sehr geringen Variationen immer in derselben Weise. Die locale Reaction ist bis auf einen bald vorübergehenden brennenden Wundschmerz — der bei Sublimatbehandlung vielleicht im Allgemeinen etwas stärker ausfällt, als bei andern Methoden, aber auch hier oft gänzlich fehlt — gleich Null. Die allgemeine Reaction fehlt entweder ganz, oder beschränkt sich auf ein aseptisches Fieber, welches am Abend des zweiten Tages seinen Höhepunkt erreicht und im Laufe des dritten Tages verschwindet. Bei sensiblen Personen wird dabei zuweilen eine Temperatur von 39° erreicht und selbst um ein Geringes überschritten. Das gute Allgemeinbefinden und die Schmerzlosigkeit der Wunde sind dann genügende Gründe, um trotzdem den Verband ruhig liegen zu lassen, und der Fieberabfall am dritten Tage beweist die Richtigkeit dieses Verfahrens. Erst eine länger anhaltende Temperatursteigerung würde auf Unregelmässigkeiten im Wundverlauf schliessen lassen.

Die Drains entferne ich bei genähten Wunden in der Regel am 7. Tage, vorausgesetzt, dass die primäre Verklebung in regelmässiger Weise erfolgt ist und dass, nach Abnehmen des Verbandes, die Drainröhren sich entweder leer oder mit einem nicht zerfallenen Blutgerinnsel gefüllt zeigen. Dann aber werden auch sämmtliche Drainröhren ohne Rücksicht auf ihre Länge ganz und auf einmal herausgezogen. Unter einem zweiten, dem oben beschriebenen gleichen, nur eventuell etwas weniger dicken Verbande tritt dann in den nächsten 6—8 Tagen unfehlbar die volle Heilung ein. Jede Spur von Eiter oder eitrigem Serum im Drain verbietet dagegen dessen gänzliche Entfernung.

Ohne Frage ist es indessen fast überall gestattet, die Drains auch schon viel früher wegzulassen. Meistens haben sie ihre Dienste wohl nach 24 Stunden bereits voll geleistet und bei manchen Wunden erfolgt die prima intentio entschieden leichter bei so früher Entfernung derselben. So habe ich mich seit einiger Zeit gewöhnt, bei Hüftresectionen namentlich kleinerer Kinder, welche sich noch verunreinigen, die Drains schon am Tage nach der Operation herauszunehmen. Gerade in diesen Fällen habe ich ganz auffallend häufig eine volle prima intentio erlebt, die bekanntlich nach der Hüftresection ganz besonders schwierig zu erreichen ist. Freilich bin ich auch ein paar Mal genöthigt gewesen, sie von neuem wieder einzuführen. Gewiss wird unter solchen und ähnlichen Verhältnissen das

Drainrohr oft zu einem bequemen Wege, auf welchem Infectionsstoffe in die Tiefe der Wunde gelangen, und es empfiehlt sich, diesen Weg so rasch als möglich ungangbar zu machen.

Dass das Sublimat auch bei der Behandlung inficirter Wunden sich als mächtiges Desinfectionsmittel bewähren würde, konnte man von vorn herein annehmen, und wird durch die Erfahrung bestätigt. Ob es hierin indessen durchgehends, d. h. bei allen verschiedenen Wund-infectionskrankheiten anderen Antisepticis überlegen ist und ob bei intensiverem Gebrauch stärkerer Lösungen nicht unter Umständen die Gefahr der Intoxikation den zu erwartenden Nutzen überwiegt, darauf wird erst eine längere Erfahrung, unterstützt von eingehenderen experimentellen Prüfungen der Einwirkung verschiedener Antiseptica auf Reinculturen der verschiedenen pathogenen Bacterien, eine erschöpfende und allseitig befriedigende Antwort ertheilen können. Was ich bis jetzt darüber sagen kann, ist etwa Folgendes:

1) die einmalige energische Desinfection auch der grössten Wunden durch Auswaschen, Ausspritzen, Ausreiben der Wundfläche, aller Gänge, Buchten und Höhlen mit einer Sublimatlösung von 1 : 1000, selbst das Auswaschen von grossen Empyemhöhlen, vereiterten Echinococcussäcken etc. mit derselben, ist in der sehr grossen Mehrzahl der Fälle ohne alles Bedenken,[1] und es kann gar keinem Zweifel unterliegen, dass nach einer gleichen Anwendung der 5 oder auch selbst nur 3 % igen Carbolsäure, die Gefahr einer bedenklichen Intoxikation ganz unvergleichlich viel grösser sein würde. Ganz besonders in die Augen fallend ist dieser Unterschied bei jüngeren Kindern. Während dieselben bekanntlich gegen Carbolsäure ganz ausserordentlich empfindlich sind und zuweilen schon durch die vorsichtigste Verwendung selbst schwacher Lösungen — ja schon allein durch den Gebrauch kleiner Mengen trockner Carbolverbandstoffe in grosse Lebensgefahr gebracht werden, werden sie durch das Sublimat so gut wie gar nicht afficirt. Man kann es im Gegentheil als Regel ansehen, dass Kinder das Sublimat noch weit besser vertragen, als Erwachsene und dass selbst die leichtesten Formen der Quecksilbervergiftung bei ihnen unendlich selten beobachtet werden.

Einige Male habe ich Gelegenheit gehabt, die Wirksamkeit der 5 % igen Carbolsäure und des 1 %₀ Sublimates direct mit einander vergleichen zu können. Zweimal handelte es sich um infectiöse Kniegelenkseiterungen bei jungen kräftigen Menschen, von denen die eine durch eine Stichverletzung, die andere aus unbekannter Ursache entstanden war. Eine sehr energische Auswaschung des Gelenks mit 5 % iger Carbolsäure war in beiden Fällen wirkungslos. Fieber und Schmerzen blieben in gleicher Höhe und am folgenden Tage war das Gelenk auch wieder mit Eiter

---

1) Ueber Ausnahmen von dieser Regel siehe unten.

gefüllt. Die nun vorgenommene Auswaschung mit 1 %₀ Sublimatlösung coupirte dagegen die Eiterung sofort. Und ganz dieselbe Erfahrung machte ich mit einem Hüftgelenk, welches durch die bekannte räthselhafte urethrale Infection zur Vereiterung gekommen war, so dass ich seitdem zur Auswaschung der Gelenke bei allen infectiösen Entzündungen die früher benutzte Carbolsäure durch das Sublimat ersetzt habe.[1]

2) Schwerere Wundinfectionen, Wunddiphtheritis, Hospitalbrand, welche sehr energische, tiefgreifende Desinfectionsmittel verlangen, können unter Umständen mit Vortheil auch mit stärkeren Sublimatlösungen verbunden werden. So stand eine ausgebreitete Wunddiphtheritis, die sich an eine ausserhalb meiner Abtheilung vorgenommene Leistendrüsenexstirpation angeschlossen und durch Arrosion der Arteria femoralis bereits zu einer schweren Blutung geführt hatte, sehr schnell nach einem Verband mit in 1 % ige Sublimatlösung getauchter, wenig ausgedrückter Watte; es bildete sich darunter ein ziemlich dünner Schorf, und der weitere Zerfall hörte auf. Das ging aber nicht ohne Stomatitis und einige blutigschleimige Durchfälle ab, die zwar dem jungen kräftigen Menschen, um den es sich hier handelte, nichts schadeten, die aber bei elenderen Individuen wohl ernster hätten in Betracht kommen können. Ob überhaupt in dieser Form der Anwendung das Sublimat vor andern weniger gefährlichen Mitteln wesentliche Vorzüge besitzt, kann ich nach meinen sehr geringen Erfahrungen darüber nicht sagen. Jedenfalls ist dabei die grösste Vorsicht nöthig.

3) Längere Zeit fortgesetzte nasse Sublimatverbände in Form der Priessnitz'schen Umschläge, hergestellt mit Compressen oder Watte, die unmittelbar vor dem Gebrauch in eine 1 %₀ Sublimatlösung getaucht wurden und täglich 1—2 Mal gewechselt werden, sind sehr vielfach auf meiner Abtheilung in Gebrauch. Wir benutzen sie mit Vorliebe bei unreinen, inficirten, entzündeten Wunden,[2] auch wohl bei stark gequetschen

---

1) Nach ziemlich ausgedehnten Erfahrungen, die in dieser Richtung auf meiner Abtheilung gemacht wurden, kann man in der Wirkung von Carbollösungen und von Sublimat auf erkrankte Synovialmembranen einen durchgreifenden Unterschied feststellen. Bei der Carbolsäure ist die eigene reizende Wirkung bedeutend stärker, beim Sublimat die desinficirende. Bei allen infectiösen Entzündungen, traumatischen Eiterungen, bei den Gelenkentzündungen nach Scharlach, Typhus, Masern, Pocken, acutem Gelenkrheumatismus, Gonorrhoë etc. ist es daher von entschiedenem Vortheil, sich des Sublimats zu bedienen. Einerseits wird die infectiöse Entzündung dadurch sicherer beseitigt, andrerseits fällt der chemische Reiz geringer aus und damit auch die Neigung der Synovialis zur Schrumpfung und adhäsiven Entzündung. Bei den chronischen Hydarthrosen dagegen bleibt wieder das Sublimat, wenigstens in der Lösung von 1 %₀, fast ganz wirkungslos. Hier, wo eine etwas stärkere Reaction, eine stärkere Schrumpfung der Kapsel erwünscht und gerade die Bedingungen des Erfolges sind, ist ihm die Carbolsäure bei weitem überlegen.

2) Ueber die möglichen Gefahren hierbei wird im Folgenden bei Besprechung der Sublimatintoxikation noch ausführlich die Rede sein.

Wunden, bei welchen eine beträchtliche Gewebsabstossung erwartet wird, ferner bei Wunden, die einer häufigen Beschmutzung mit Koth und Urin ausgesetzt sind; aber auch für allerlei granulirende Wunden, deren Benarbung unter Occlusivverbänden nicht mehr so recht vorwärts gehen will, für fistulöse und fungöse Wunden sind die nassen Sublimatverbände oft vorzüglich geeignet. Ja ich glaube, dass man bei fungösen Wunden und Geschwüren mit weit grösserer Berechtigung als dem Jodoform eben dieser nassen Sublimatbehandlung eine specifische, antituberculöse Wirkung zusprechen darf. Diese tritt zwar immer erst nach wochen- und monatelangem Gebrauch des Sublimats auffallend in die Erscheinung: aber es ist in der That im höchsten Grade staunenswerth, wie zuweilen namentlich Kinder, die bereits ganz aufgegeben waren, unter dem fortgesetzten Gebrauch des Mittels nicht nur am Leben bleiben, sondern ganz allmählich auch ein besseres Aussehen gewinnen, während die Wunden und Fisteln, die nach jeder noch so sorgfältigen Entfernung aller tuberculösen Massen stets sehr bald wieder fungös wurden, ganz allmählich anfangen körniger zu werden, sich einzuziehen, zu benarben, bis man schliesslich zur eigenen grössten Verwunderung vor der vollendeten Thatsache einer soliden Vernarbung steht, wo man nimmer an einen günstigen Ausgang gedacht hätte. —

Wir haben in dem Vorstehenden schon wiederholt die wichtige Frage der Intoxikationsgefahr gestreift: bei einem so giftigen Mittel wie das Sublimat ist dieselbe von ganz hervorragender Bedeutung und wir müssen ihr zum Schluss noch eine etwas eingehendere Betrachtung widmen.

Der äusserliche Gebrauch des Sublimats kann sowohl örtlich wie allgemein lästige und schädliche Folgen haben.

Eine wenig angenehme örtliche Wirkung macht sich zunächst oft genug bei dem Chirurgen selbst geltend, der gezwungen ist, seine Hände häufig und anhaltend mit Sublimatlösungen in Berührung zu bringen. Aehnlich wie bei der Carbolsäure, wenn auch durchschnittlich entschieden in weit geringerem Grade, entsteht bei vielen Menschen eine verstärkte Epidermisabschuppung, welche die Hände rauh macht und auch wohl in vereinzelten Fällen, wo das Corium noch stärker angegriffen wird, eine gewisse Neigung zur Schrundenbildung hervorruft. Bei Manchen gesellt sich dazu noch eine ganz eigenthümliche Graufärbung der Fingernägel. Diesem Rauhwerden der Hände ist übrigens keineswegs Jeder unterworfen. Ich selbst beispielsweise habe im Gegentheil von Anfang an immer nur das Gefühl einer ganz besonders glatten Haut an den Fingern gehabt, im angenehmsten Gegensatz zu der Wirkung, welche Carbolsäure auf mich ausübt, und ebenso ist es einem Theil meiner Assistenten gegangen. Auch graue Nägel habe ich niemals gehabt. Das bekannte sehr unangenehme Gefühl des Taubseins, verbunden mit einer starken Beeinträchtigung des Tastsinnes, welches einer längeren Benetzung der Hände

mit stärkeren Carbolsäurelösungen fast ausnahmslos folgt und oft genug
durch keine Gewöhnung eine erhebliche Abschwächung erfährt, habe ich
bei Sublimatgebrauch weder jemals an mir selbst erfahren, noch habe ich
von meinen Assistenten darüber klagen hören.

Bei ganz vereinzelten Individuen ist die Haut selbst der Hände überhaupt nicht im Stande, dem oft wiederholten und anhaltenden Einfluss
der chirurgisch in Betracht kommenden Sublimatlösungen Widerstand zu
leisten. So hat einer meiner Assistenten, der vorher mehrere Jahre Assistenzarzt an der Klinik von Geh. Rath Carl Schröder in Berlin war,
zu meinem grossen Bedauern einige Monate nach Einführung der Sublimatbehandlung seine Stelle aufgeben müssen, weil er ein intensives Eczem
der Hände mit Bildung schmerzhafter Schrunden und unerträglichem
Jucken bekam, welches nur sehr schwer abheilte und durch jede Berührung mit Sublimat sofort wieder in alter Stärke zum Ausbruch gebracht wurde. Allerdings hatte Carbolsäure auf ihn einen ganz ähnlichen
Einfluss, und in seiner früheren Stellung waren seine Hände auch nur
gerade eben noch im Stande gewesen, den durchschnittlich wesentlich
kürzeren und selteneren Angriffen der Carbolsäure Stand zu halten. Ein
zweiter ganz ähnlicher Fall betraf die alt gediente Oberwärterin meiner
Kinderabtheilung. Hier wurde viel mit feuchten Sublimatverbänden gearbeitet. wobei sie oft mit Hand anlegen musste, und auch sie wurde
schliesslich durch ein hartnäckiges, an den Händen beginnendes Eczem,
welches sich von da in geringerer Intensität über den ganzen Körper
verbreitete, um im Gesicht wieder ziemlich heftig aufzutreten, zu einem
Wechsel ihrer Stellung gezwungen. Das ist aber auch alles, was ich in
dieser Richtung erlebt habe, und es darf nicht unerwähnt bleiben, dass
wir damals fast ausschliesslich die stärkere Lösung von $1\,^0/_{00}$ benutzten,
deren Verwendung seitdem eine sehr wesentliche Einschränkung erfahren hat.

Bei Kranken ruft das Sublimat in den bei uns üblichen Verwen-
dungsformen nur in ausserordentlich seltenen Fällen Hautreizungen irgend
welcher Art hervor, meiner Schätzung nach sicherlich nicht den zehnten
Theil so häufig, als die Carbolsäure; im Gegentheil verdient gerade der
absolut reizlose Zustand, den fast ausnahmslos die Haut der Kranken
unter unseren Verbänden bewahrt, eine besonders rühmende Erwähnung.
Speciell habe ich das so unangenehme acute stark nässende Eczem, das
Eczem mit Blasenbildung, wie es unter Carbolverbänden bei zarter Haut
(ich erinnere an Mammaamputationen) so oft vorkam und sofort den antiseptischen Schutz des Verbandes illusorisch machte, niemals gesehen.
Aber, wenn auch selten. so kommen doch Sublimatexantheme vor, und
zwar zuweilen ebenfalls von einer Intensität, dass sie die Fortsetzung der
Behandlung unmöglich machen.

Am häufigsten sieht man beim ersten Verbandwechsel hier und da an zerstreuten Stellen ein oberflächliches Wundsein der Haut, auch wohl die bekannten kleinen, beinahe miliaren Pustelchen, wie sie sich auch nach dem Gebrauch der grauen Salbe so leicht einstellen. Diese Affectionen sind in der Regel zu einem sehr grossen Theil mitbedingt durch das energische Seifen, Rasiren, Abbürsten und Abreiben mit der stärkeren Sublimatlösung und verschwinden von selbst, bei einfacher Fortsetzung des Sublimatverbandes, so rasch, dass 8 Tage später, bei einem zweiten Verbandwechsel, bereits nichts mehr davon zu sehen ist.

In sehr seltenen Fällen, — ich habe es im Ganzen, wie ich glaube, nur 4 Mal gesehen. — klagen die Patienten entweder von vorn herein oder auch erst nach länger fortgesetzter Sublimatbehandlung über eine äusserst lästige Empfindung im Bereich des Verbandes, welche meist nicht so sehr als Jucken als vielmehr als ein sehr heftiger, brennender Schmerz bezeichnet wird. Sehr bald erscheint dann am Rande des Verbandes eine Röthung der Haut, welche sich von einem Scharlachexanthem absolut nicht unterscheidet und in einigen Fällen auch rapide über den ganzen Körper verbreitet, während sie in anderen auf eine mehr oder weniger weite Umgebung der Wunde und des Verbandes beschränkt bleibt. Die Aehnlichkeit mit einem Scharlachausschlag ist — besonders wo der ganze Körper ergriffen wird — in der That im höchsten Grade frappirend. Verläuft die Affection, wie es die Regel zu sein scheint, ohne Fieber, so ist natürlich trotzdem die Diagnose leicht, während sie unter andern Umständen wohl einmal — wenigstens vorübergehend — Schwierigkeiten machen kann. Die Aehnlichkeit wird noch dadurch erhöht, dass auch diesem Sublimatscharlach eine Abschuppung der Epidermis folgt.

Viel wichtiger aber als diese Schädigungen der äusseren Haut sind natürlich die allgemeinen Vergiftungserscheinungen, welche auch bei äusserer Anwendung des Sublimates auftreten können, und welche in letzter Zeit namentlich von den Geburtshelfern sehr lebhaft discutirt worden sind. Als ich mich, wesentlich durch R. Koch's Untersuchungen veranlasst, vor jetzt bald 3 Jahren zu den ersten vorsichtigen Versuchen entschloss, die antiseptische Wundbehandlung lediglich mit Sublimatpräparaten in's Werk zu setzen, lagen Erfahrungen über die Vergiftungsgefahr durch Resorption des Sublimates von offenen Wunden oder von serösen und Schleimhäuten aus nicht vor, und es versteht sich von selbst, dass dieser wichtigen Frage bei uns von vorn herein die allergrösseste Aufmerksamkeit gewidmet wurde, zumal wir ja eben erst durch traurige Erlebnisse mit dem Jodoform belehrt worden waren, wohin die sorglose Anwendung eines in seinen Wirkungen auf den Organismus nicht hinreichend studirten Mittels, trotz aller rühmenden Empfehlungen, führen kann. — Den Jodoformverbänden gegenüber waren wir hier übrigens in so fern sehr wesentlich im Vortheil, als ja die Erscheinungen der Sublimatvergiftung selbst im Wesentlichen längst bekannt waren und nicht erst am Kranken studirt zu werden brauchten. Dass leichtere Fälle von Quecksilberintoxikation auch bei sehr vorsichtigem Gebrauch des Sublimates vorkommen, dass wir hin und wieder wohl einmal etwas Salivation oder auch Durchfälle zu sehen bekommen würden, darauf mussten wir bei dem bekanntermassen so ungemein verschiedenen Verhalten verschiedener Individuen gegen Quecksilberpräparate von vorn herein gefasst sein. Es schien aber auch die Hoffnung gerechtfertigt, dass man es, ähnlich wie etwa bei einer Inunctionskur oder bei der subcutanen Anwendung des Sublimats, doch in der Hand haben würde, die Sublimatbehandlung rechtzeitig abzubrechen, ehe eine wirkliche Gefahr dadurch heraufbeschworen sei. —

Heute, nachdem 30 Monate lang das Sublimat das fast ausschliessliche Antisepticum auf meiner Abtheilung gewesen ist und die ersten Versuche mit ihm eine noch längere Zeit hinter uns liegen, kann ich auf Grund einer sehr reichen Erfahrung sagen, dass diese Hoffnung im Ganzen nicht getäuscht hat. Mit unseren Erfahrungen aber und mit denen, die von andern Seiten bereits veröffentlicht sind, ausgerüstet, wird es künftig nur eines sehr mässigen Grades von Vorsicht bedürfen, um grösseren Gefahren bei der Sublimatbehandlung aus dem Wege zu gehen.

Wir benutzten, wie das schon von Kümmell l. c. mitgetheilt ist, in dem Stadium der ersten Versuche die Lösung von $1^0/_{00}$ nur für die Desinfection der Haut; mit der Wunde wurde Sublimatlösung nur in der Stärke von 1:5000 in Berührung gebracht. Dagegen war die Tränkungsflüssigkeit für die Herstellung der Sublimatgaze und Watte anfangs zu concentrirt gewählt, 2 und 1procentig, anstatt des schliesslich festgehaltenen Verhältnisses von 1:200, und ebenso war für den Sublimatsand zeitweise ein Mischungsverhältniss von 1:500 im Gebrauch, welches später in 1:1000 abgeändert wurde. Bei den genannten Stärkeverhältnissen der Sublimatverbandstoffe sahen wir in den ersten Monaten nur bei zwei decrepiden, elenden Leuten, älteren Männern mit ausgedehnter Beckencaries und grossen Senkungen, vorübergehende Salivation auftreten, die bei dem einen den üblichen Mitteln wich, selbst ohne dass der Sublimatverband aufgegeben wurde, während das in dem zweiten Falle allerdings geschah.

Bei der ausschliesslichen Verwendung der Lösung von 1:5000 für Wunden und dem eben erwähnten geringeren Sublimatgehalt unserer trockenen Verbandmittel kamen nun freilich Intoxicationen nicht mehr vor, aber wir mussten uns überzeugen, dass die Sicherheit der Desinfection unreiner, von aussen hereingebrachter Wunden entschieden zu wünschen übrig liess. Wir gingen daher zu Lösungen von 1:2000, dann von 1:1000 über, und da wir sahen, dass auch grosse Wunden eine energische Desinfection mit dieser Lösung sehr gut vertrugen. ohne dass Vergiftungserscheinungen folgten, wurden wir allmählich dreister und gewöhnten uns schliesslich, die starke Lösung von $1\,^0/_{00}$ auch zur Berieselung frischer Operationswunden zu benutzen. Lange Zeit sahen wir davon keinerlei ernstliche Nachtheile. Wohl kamen hin und wieder, am Tage der Operation oder am nächstfolgenden, wenn grössere Flächen längere Zeit mit der $1\,^0/_{00}$ Lösung bespült waren. etwas Tenesmus, Leibschmerzen, schleimige und selbst auch einmal blutige Durchfälle vor, wohl kam es unter gleichen Umständen auch einmal zu einer vorübergehenden Gingivitis, aber, da einige Dosen Opiumtinctur ausnahmslos genügten, Durchfälle und Tenesmus schnell zu beseitigen und die Stomatitis dem Kali chloricum oder dem Borwasser rasch wich, so hatten wir uns gewöhnt, diese Erscheinungen nicht mehr als etwas Besorgniss erregendes anzusehen. Ich betone. dass dieselben immer nur unmittelbar nach ausgiebiger Verwendung der $1\,^0/_{00}$ Lösung bei frischen Wunden beobachtet wurden und den genannten Mitteln wichen, trotzdem der Verband mit Sublimatpräparaten nicht geändert wurde.

Indessen sollten wir später doch belehrt werden, dass unter Umständen diese in der Regel so unbedenklichen Quecksilbervergiftungen auch einmal von ernsterer Bedeutung werden können.

Am 7. August vorigen Jahres, während ich selbst auf einer längeren Erholungsreise begriffen war, wurde eine äusserst anämische und elend aussehende Frau von einigen 50 Jahren mit grossem ulcerirtem Brustkrebs aufgenommen, und von meinen Assistenten an demselben Tage in der gewöhnlichen Weise operirt. Schon am folgenden Morgen zeigen häufige Durchfälle mit heftigem Tenesmus eine Sublimatintoxikation an; auch etwas Stomatitis gesellt sich dazu. Die Erscheinungen werden, ohne Verbandwechsel, mit Opium und chlorsaurem Kali bekämpft und verschwinden nach wenigen Tagen. Hierauf gutes Befinden bis zum 7. Tage, wo der Verband gewechselt wird, um ein Drain aus der Achselhöhle zu entfernen. Bei dieser Gelegenheit wird — im vorliegenden Falle ein verhängnissvoller Fehler — die grosse Wundfläche, die durch die Naht nicht hatte geschlossen werden können, noch einmal mit Sublimatlösung 1 : 1000 überrieselt. Die Folge war die sofortige Rückkehr schwerer Darmerscheinungen und einer ganz auffallend intensiven Stomatitis, die beide während der neun Tage, welche die Patientin noch lebte, der Behandlung nicht mehr wichen, obwohl zwei Tage nach dem Verbandwechsel der Sublimatocclusivverband entfernt und durch Borwasserumschläge ersetzt wurde. Unter fortdauernden Durchfällen, gänzlicher Appetitlosigkeit und zunehmendem Verfall der ohnehin sehr geringen Kräfte — bei dauernd normalen und zuletzt subnormalen Temperaturen — ging die Patientin am 23. August, 16 Tage nach der Operation, zu Grunde.

Die Section ergab, ausser der theilweise vernarbten Wunde und einem Decubitus am Kreuzbein: Fettauflagerung auf dem Herzen; eine Anzahl kleiner, nicht über bohnengrosser Krebsmetastasen in den untern Lappen beider Lungen; die Milz misst $14 : 8^1/_2 : 4$ cm, zeigt eine weiche Pulpa und senfkorngrosse deutliche Follikel. Grösse beider Nieren $15 : 6 : 3^1/_2$ cm, Parenchym trübe, Rinde gleichmässig verbreitert. (Frische Schwellung), die Mitte der r. Niere von einer beide Flächen einnehmenden, den convexen Rand überschreitenden, Rinde und Marksubstanz betreffenden Narbe eingenommen. In beiden Leberlappen, besonders dem linken, krebsige Metastasen; Starker Katarrh der

Rectumschleimhaut mit multipeln theils ganz oberflächlichen, theils etwas tieferen, hanfkorngrossen, wie mit dem Locheisen herausgeschlagenen Substanzverlusten. Dieser Process erstreckt sich mit allmählich abnehmender Intensität bis zum untersten Ende des Ileum, etwa handbreit oberhalb der Klappe.

Klinischer Verlauf sowohl wie Sectionsbefund setzen demnach eine mittelschwere Sublimatintoxikation ausser allen Zweifel. Charakteristisch für dieselbe sind vor allem die Veränderungen im Dickdarm und Rectum, während es fraglich bleibt, wie weit die Milz- und Nierenschwellungen damit in Zusammenhang gebracht werden müssen. wenn auch die parenchymatöse Nephritis mit mässiger Vergrösserung des Organs zum Bilde der acuten und subacuten Sublimatvergiftung gehört.

Ohne Frage war hier in einer hochgradigen Anämie, in dem vorgeschrittenen Marasmus eines durch Säfteverluste und Jaucheresorption geschwächten, durch interne Carcinome cachectisch gewordenen Körpers eine hochgradige Disposition für eine toxische Wirkung aller differenten Mittel gegeben, und ein besonders vorsichtiger Gebrauch derselben wäre am Platze gewesen. Die Kranke war unrettbar dem Tode verfallen. Dennoch war die unmittelbare Todesursache das Sublimat.

Ferner habe ich selbst einmal an der Leiche einer von mir operirten Kranken Dickdarmveränderungen gesehen, die jedenfalls auf Sublimateinwirkung zurückgeführt werden mussten, während ich mit Bestimmtheit annehme, dass dieselben für den tödtlichen Ausgang von keiner Bedeutung waren. Der Fall ist folgender:

Frau Jantzen, 36 J. alt, aufgenommen den 4./10. 83, war wiederholt wegen eines sehr grossen interstitiellen Myoms des Uterus mit erschöpfenden Blutungen längere Zeit im Krankenhause in Behandlung gewesen, aber ohne irgend genügenden Erfolg. Sobald sie sich etwas erholte, kehrten regelmässig die Blutungen wieder. Sie bittet jetzt, des dauernden Siechthums müde, inständig um die ihr wiederholt abgeschlagene Operation. Am 10./11. wird die supravaginale Amputation des Uterus an der sehr anämischen Frau nach Schröder's Vorschriften vorgenommen. Indirecter Carboldampfspray. Temporäre elastische Ligatur, keilförmiges Ausschneiden des Stumpfes, Vereinigung seiner Wundränder durch mehrere versenkte Catgutnähte und eine fortlaufende Peritonealnaht. Vor der Naht war die Uteruswunde mit einer Sublimatlösung von 1 : 100 betupft worden. um vor Infection möglichst sicher zu sein. Zuletzt trockenes Austupfen der Peritonealhöhle mit Schwämmen, die mit einer 1%₀igen Lösung befeuchtet waren. Die Verwendung von Sublimatlösung während der Operation war vielleicht keine so sparsame gewesen, als in Rücksicht auf die grosse Schwäche geboten gewesen wäre. Blutverlust gering. Tod nach 24 Stunden unter zunehmendem Collaps, ohne irgend welche ungewöhnlichen Erscheinungen. Die am folgenden Tage vorgenommene Section ergiebt: Lose Verklebung der im Bereich der Bauchwunde befindlichen Darmschlingen unter einander und mit dem Peritoneum parietale. Im Douglas etwa 100 ccm trübröthlicher dünner Flüssigkeit. Uterusstumpf fest vernäht, die Wundflächen verklebt. Milz 11 : 5 : 2, Nieren 14 : 5½ : 2, anämisch, im Parenchym der rechten eine kirschkerngrosse Cyste mit dünnflüssigem Inhalt. Leber anämisch, 28 : 17 : 6. Anämie des Herzfleisches, blutige Imbibition des Endocardiums, namentlich links. Fibröse Synechien der Pleura und Brustwand beiderseits.

Der Anfangstheil des Dickdarms in 24 cm Länge zeigt die Schleimhautoberfläche vielfach missfarbig grau, das Epithel an diesen Stellen mehrfach in dünnen Fetzen abgelöst. Der übrige Theil des Dickdarms, sowie des Rectum, intact.

Die Leiche zeigte ausserdem eine in Anbetracht der kühlen Jahreszeit und der wenigen seit dem Tode verstrichenen Stunden so auffallend vorgeschrittene Fäulniss, dass dieser Umstand, zusammengehalten mit der im Douglas'schen Raume aufgefundenen trüben Flüssigkeit, es als zweifellos erscheinen lässt, dass der Tod im Wesentlichen an einer ganz acuten, sehr perniciösen Sepsis erfolgt war. Die Ursache derselben glaube ich — bei den sonst sehr gleichmässig guten Resultaten meiner Laparotomien[1] — darin suchen zu müssen, dass ich mich durch eine enorme Ueberheizung des Operationsraumes verleiten liess, während der Operation einen Augenblick das Fenster öffnen zu lassen, so dass ein heftiger Strom der nicht desinficirten, schlechten Luft unseres Krankenhaushofes die geöffnete Bauchhöhle traf. Der Fehler kam mir in demselben Moment klar zum Bewusstsein, als er geschehen war, aber, wie der Ausgang zeigte, zu spät.

Ohne die septische Infection würde die Kranke die relativ unbedeutende Dickdarmaffection, die noch nicht einmal klinische Erscheinungen gemacht hatte, ohne Zweifel leicht überwunden haben.[2]

---

1) Siehe unten die Tabelle.

2) Zufällig habe ich in allerjüngster Zeit, nach Abschluss dieser Arbeit, kurz hintereinander noch zwei ganz ähnliche Fälle erlebt. Der erste betraf ebenfalls eine Laparotomie wegen eines sehr grossen interstitiellen Myoms, welches ich nach Nussbaum's Vorschlag in zwei Zeiten operiren wollte. Die Kranke war eine 36jährige, sehr zarte, fortwährend blutende, enorm anämische Frau. Als eben der Uterus zur Bauchwunde herausgezogen war, trat tiefe Chloroformasphyxie ein, die eine lange fortgesetzte künstliche Athmung nöthig machte. Dabei liess sich trotz aller Mühe das fortwährende Einsaugen von Luft in die Bauchhöhle nicht vermeiden. Schliesslich kam die Kranke wieder zu sich. Die Operation wurde nun rasch beendet, der Uterus in die Bauchwunde eingenäht; das Ganze war aber sehr mühsam gewesen und es waren gut 1½ Stunden darauf hingegangen. Die Patientin lebte noch zwei Tage, war ziemlich unruhig, klagte über Schmerzen in der Bauchwunde und ging dann bei zunehmender Pulsfrequenz, trockner Zunge etc., mit allen Zeichen der gewöhnlichen Sepsis, ohne Durchfälle oder irgend ein anderes ungewöhnliches Symptom zu Grunde. Die Section ergab im hintern und vordern Douglas blutig-seröse, missfarbene, übelriechende Flüssigkeit im Gesammtbetrage von circa 200 ccm. Milz 15:8:3, matsch. Alle Organe im höchsten Grade anämisch. Nieren 11:6:3, nichts Abnormes. Im Anfangstheil des Dickdarms zeigen sich in Ausdehnung von etwa 15 cm eine Anzahl schmaler, die Höhe der Schleimhautfalten einnehmender missfarbig grünlicher diphtherischer Infiltrationsheerde.

Der zweite Fall betraf ein 31jähriges Dienstmädchen mit völlig undurchgängiger Pylorusstenose, die für carcinomatös gehalten worden war, sich schliesslich aber als durch ein sehr grosses Ulcus hervorgerufen erwies, welches zu Verwachsungen mit dem Pancreas und theilweiser Ulceration dieses letzteren geführt hatte. Ich übergehe die sehr interessanten Details der Operation, die enorm schwierig war und drei Stunden dauerte. Die sehr elende Person war diesem Eingriff nicht gewachsen und starb im Collaps nach 24 Stunden. Die Section ergab: 17 cm oberhalb des Anus ein 50-Pfennigstück grosses Schleimhautstück trübgrau, von zahlreichen kleinen frischen, wie gespritzt aussehenden Ecchymosen umgeben. Das Colon descendens zeigt in ganzer Ausdehnung eine leichte diffuse blutige Imbibition. Gänzlich verschieden hiervon und ausserdem durch eine grössere Strecke ganz gesunder Schleimhaut davon getrennt findet sich im Quercolon, ent-

25

In etwas grösserer Verlegenheit befinde ich mich einer nicht ganz kleinen Zahl von Fällen gegenüber, wo bei der Section von Personen, die an schweren septischen Erkrankungen, Phlegmonen, Erysipelen, seniler Gangrän etc. gelitten hatten, Veränderungen der unteren Darmabschnitte gefunden wurden, die zum mindesten mit den durch Sublimateinwirkung hervorgebrachten grosse Aehnlichkeit hatten. Die Kranken waren grösstentheils zeitweise oder ausschliesslich mit feuchten Sublimatverbänden in Form der Priessnitz'schen Umschläge 1⁰⁄₀₀ Lösung), die täglich 1—2 Mal gewechselt wurden, behandelt. Meist wurden wohl beim Verbandwechsel die Wunden abgespült. Einmal Fall 6) war ein Mooskissenverband gemacht worden.

Da es sich ausschliesslich um Patienten der chirurgischen Secundärabtheilung handelt, bei denen ich nicht selbst den Krankheitsverlauf beobachtet habe, kann ich nur nach den mir gewordenen Mittheilungen und nach den Krankengeschichten versichern, dass irgendwie deutliche Zeichen einer Sublimatvergiftung in allen diesen Fällen während des Lebens völlig gefehlt haben. Anfangs beruhigte man sich infolge dessen einfach bei der Annahme septischer Darmaffectionen. Als aber in auffallender Regelmässigkeit immer wieder derselbe Verbreitungsbezirk der Darmaffection gefunden wurde und der oben erzählte Fall zweifelloser Sublimatvergiftung die grosse Aehnlichkeit der Sublimatcolitis und Proctitis mit jener erkennen liess, wurde natürlich unsere Aufmerksamkeit in hohem Grade von diesen Sectionsbefunden gefesselt.

Wenn nun auch sowohl die Krankengeschichten wie die Sectionsprotocolle grossentheils nicht so genau geführt sind, als es für die nachträgliche Entscheidung der zur Zeit ihrer Abfassung gar nicht aufgeworfenen Fragen wünschenswerth wäre. so halte ich es doch für meine Pflicht, das vorhandene Actenmaterial zur allgemeinen Kenntniss zu bringen und die Aufmerksamkeit der Fachgenossen auf diese Erscheinungen zu lenken. Herr Dr. Fränkel, der Prosector unseres Krankenhauses, hat die Güte gehabt. die nach dieser Richtung verdächtigen Fälle nach den Sectionsprotocollen der letzten Jahre zusammenzustellen. Es sind die folgenden:

1. Carl H., zwei Monate alt, Kostkind der Armenanstalt; aufgen. den 21./6. 82, gest. den 31 /7. Elendes, atrophisches Kind, phlegmonöse Abscesse an beiden Fussrücken und über der r. Patella. Hohes Fieber. Incisionen. Haut des Oberschenkels in grosser Ausdehnung unterminirt. Drainage. Sublimatumschläge. Gest. am 31./7.

sprechend der Ablösungsstelle des Ligam. gastro-colicum von der grossen Curvatur, die Schleimhaut in 6 cm Breite ringsum schmutzig grau, glanzlos, leicht eingesunken. Im Uebrigen hochgradige Anämie aller Organe. — Es kann wohl kaum einem Zweifel unterliegen, dass die Veränderungen im Rectum und Colon descendens als Sublimatwirkungen, die im Colon transversum als beginnende Gangrän infolge der gehinderten Blutzufuhr aufgefasst werden müssen. Symptome einer Quecksilbervergiftung hatte auch diese Kranke während des Lebens nicht gehabt.

unter zunehmendem Collaps. Bis dahin täglich regelmässig ein Stuhl. Section: Vernarbte Incisionen auf beiden Fussrücken und am untern Ende des r. Femur. Im gesammten Dickdarm ein vom untern Ende des Rectum beginnendes, in allmählich abnehmender Intensität sich bis zum Coecum erstreckendes croupöses, vielfach abstreifbares Exsudat, unterhalb dessen die Mucosa ziemlich stark geröthet und mässig verdickt ist. Mesenteriale Lymphdrüsen nicht geschwollen.

2. Johannes B., 36 J. alt, aufgen. den 11./10. 82, gest. den 7./11. 82. Seit acht Tagen bestehende schwere Phlegmone des r. Unter- und Oberschenkels, zu welcher sich jetzt ein bis zum Hüftbeinkamm hinaufreichendes Erysipel gesellt hat. Temp. schwankt zwischen 39 und 40. Die anfänglich bestehende Verstopfung schlägt nach einer Gabe Bitterwasser in hartnäckigen Durchfall um, und zwar zu einer Zeit, als die Behandlung noch allein in Chlorwasserumschlägen bestanden hatte. Dann werden die gemachten grossen Incisionen mit Sublimat, zuletzt mit Thonerde verbunden. Die Durchfälle dauern dabei gleichmässig fort, ohne irgendwie für Sublimateinwirkung charakteristisch zu sein. Opium in grossen Gaben bleibt gänzlich wirkungslos. Schliesslich folgen ausgedehnte Hautgangrän, wiederholte Schüttelfröste, doppelseitige Pleuritis, Pyämie, Tod. Section: Ausgedehnter Substanzverlust von Haut- und Unterhautgewebe im Bereich des ganzen Unterschenkels, in dessen Grunde gangränöse Fetzen von Fascien und streckenweise entblösste Sehnen zu Tage treten. Der mittlere Theil der Crista tibiae vom Periost entblösst. Klaffender Defect an der Aussenseite des untern Drittels des r. Oberschenkels mit taschenartigen Unterminirungen. Schwellung der Leistendrüsen, pralle Infiltration des umgebenden Gewebes. Lockere wandständige gut gefärbte Thromben in der Vena femoralis unter dem Ligm. Poup.; beiderseits eitrige Pleuritis (circa 200 g) mit mässiger Compression der untern Lappen. Lungen heerdfrei. In der wenig vergrösserten weichen Milz ein haselnussgrosser eitrig zerfallener bis an die hier stark verdickte Kapsel reichender Heerd. Ausserdem zwei keilförmige frische Infarkte. Trübe Schwellung beider mässig vergrösserter Nieren und der Leber. Diphtherische, die Höhe der Falten einnehmende streifige Auflagerungen auf der schmutzig grauen Schleimhaut des Dickdarms vom Colon transversum an abwärts.

3. Marie G., 74 J., aufgen. 17./10. 82, gest. 13./11. 82. Schwere ausgedehnte Phlegmone des r. Unterschenkels. Patientin lässt von Anfang an unter sich gehen. Handtellergrosser, brandiger Decubitus. Die Section ergiebt das Fortkriechen der Eiterung durch die Foramina sacralia auf die untern Enden der Cauda equina, ohne dass sie jedoch sich in das Innere der Dura fortsetzte. — Lungenemphysem, fibröse Peripleuritis, Cysten auf der Oberfläche beider leicht granulirter Nieren. Nierenrinde verschmälert. Mehrere subseröse Uterusfibrome. Mässige croupöse Proctitis, Catarrh. chron. coli descendentis. Schleimhaut desselben schiefrig verfärbt.

4. Friedrich H., 42 J., Arbeiter, aufgen. den 21./11. 82, gest. den 31./12. 82. Phlegmone des l. Oberschenkels. Erysipelas migrans. Während des Lebens Durchfälle von nicht charakteristischem Wesen. Section: Lange, bis in das intermusculäre Gewebe reichende Incisionen an der hintern Fläche des l. Oberschenkels. Fibrinöse Pleuritis des ganzen l. Unterlappens, heerdweise fibrinöse Auflagerungen am r. Ober- und Unterlappen. Confluirende bronchopneumonische Heerde im l. Unterlappen mit totaler Luftleere desselben. Vereinzelte gleiche Heerde im r. Ober- und Unterlappen. Anämie des übrigen Lungengewebes. Intensive frische Bronchitis. Unregelmässige, über das ganze Rectum und den angrenzenden Theil des Colon descendens verbreitete, die oberflächliche Schleimhautschicht betreffende Substanzverluste.

5. Herr W., 40 J., aufgen. d. 16./12. 82, gest. d. 10./1. 83. Schwere Phlegmone des l. Ober- und Unterschenkels. Pneumonie. Section: Multiple grössere bis in das

intermusculäre Gewebe reichende Incisionen am l. Unter- und Oberschenkel, frische Lymphdrüsenschwellung in d. l. Leistenbeuge. Fibröse Verwachsungen beider Oberlappen der Lunge mit der Brustwand. Pleuritis sero-fibrinosa dextra, croupöse Pneumonie des r. Unterlappens im Stadium der grauen und rothgrauen Hepatisation. Verwachsung der l. und r. Aortenklappe, frische Auflagerungen auf freie Fläche und Schliessungsrand der rechten. Herzfleisch normal. Cyanose, Induration und Schwellung der Milz, Anämie der Nieren. Croupöse Auflagernngen und einzelne katarrhalische Geschwüre auf der Schleimhaut des Rectum. Schiefrige Färbung der Schleimhaut des Colon descendens und eines Theils des Colon transversum.

6. Christiane J., 77 J. alt, aufgen. d. 4./6. 83, gest. d. 17. 6. 83. Gangraena senilis pedis sin. Tiefe Oberschenkelamputation am 9. 6. 83. Mooskissenverband. Zunehmender Verfall der Kräfte, Tod. Section: Art. und Vena femoralis von der Unterbindungsstelle bis zum Poupart'schen Bande mit adhärenten Thromben gefüllt. Mässige Fettumwachsung des Herzens; Klappen intact. Herzfleisch schlaff. Geringes Atherom der Aorta. Beide Lungen emphysematös, linke frei beweglich, rechte mehrfach verwachsen. Im Hauptstamm der linken Art. pulmonalis ein sich in die grösseren Aeste fortsetzender, wandständig adhärenter, gelbrother Embolus, und ein frischerer in einem Ast dritter Ordnung des r. Unterlappens. Milz, Nieren, Nebennieren gesund. Oberflächliche Necrose der Schleimhaut des untersten Endes des Ileum und des Anfangstheiles des Dickdarms. (Die Veränderungen an Leber, Gallenblase, Harnblase, Uterus etc. sind als für vorliegende Frage irrelevant übergangen.)

7. Johann D., 59 J., aufgen. d. 8./5. 83, gest. d. 21./7. 83. Heruntergekommener Potator. Gangränöse Phlegmone des r. Unterschenkels. Delir. tremens. Tod an Erschöpfung. Section: Adhärenter entfärbter Thrombus in der r. Vena cruralis. Herzfleisch anämisch. Geringer doppelseitiger Hydrothorax. Graurothe, luftleere Infarkte im r. Ober- und Unterlappen. Emphysem beider Lungen. Milz geschwollen. Nieren ohne wesentliche Veränderung. Prostata-Concremente, Thromben in Plexus pudendalis; Hoden atrophisch, Leber ebenfalls. Starker Katarrh des Dickdarms mit streckenweiser Epitheltrübung und Desquamation und oberflächlicher Ulcerationsbildung.

8. Mary v. M., 81 J. alt, aufgen. d. 15./1. 83, gest. d. 25./7. 83. Erysipelas phlegmonosum brachii sin. Section: Ausgedehnte Hautgangrän an der Streckseite des l. Oberarms. Ebendaselbst multiple Abscesse im Unterhautzellgewebe; mehrfache grosse Incisionen. Atherom der Kranzarterien. Herzfleisch gesund; Mitralzipfel verdickt. Oberlappen der linken Lunge der Brustwand adhärent, rechte Lunge frei; beide stark emphysematös. Atherom der Aorta und deren Aeste. Milz 8 : 5½ : 2 cm, Nieren 11 : 5 : 2½. In der linken ein keilförmiger frischer Infarkt, in der rechten eine haselnussgrosse Cyste, beiderseits leichte Granulation der Oberfläche. Infiltration mit oberflächlicher Epithelnecrose und stellenweiser Ulcerationsbildung im untern Theil des Dickdarms und dem ganzen Mastdarm. Wandständige Thromben im obern Abschnitt der linken Schenkelvene, adhärent, blutroth.

Dem gegenüber lassen sich nun, wenn auch in kleinerer Zahl, aus den Sectionsprotocollen einiger früherer Jahre, die ich darauf hin durchmustert habe,[1] Fälle von ganz ähnlichen Darmaffectionen anführen, welche bei Leichen von Patienten gefunden wurden, die an den gleichen Kate-

---

1) In den mir zugänglichen Lehrbüchern der allgemeinen Chirurgie ist die pathologische Anatomie der septischen Darmerkrankungen nirgends so eingehend behandelt, dass man über diese Frage hinreichenden Aufschluss erhielte.

gorien von Krankheiten gelitten hatten, während ihres Lebens aber niemals mit Sublimat behandelt worden waren.

Einige dahin gehörige Beispiele mögen hier kurz angeführt werden:

1) Johanna H., 69 Jahre, aufgenommen den 3. Januar 1878, gestorben den 26. April 1879 litt an einer äusserst langsam fortschreitenden Gangraena senilis, welche bei ihrem im Wesentlichen an Altersmarasmus erfolgten Tode zur Abstossung eines Theils der Zehen des rechten Fusses und zur Gangrän eines grösseren Theils der Haut des Fussrückens geführt hatte. In der letzten Zeit waren ihre Kräfte durch Durchfälle sehr mitgenommen. Die Section, deren sonstige Resultate ich übergehe, ergab folgende Darmveränderungen: Die Schleimhaut des Jejunum gewulstet, stark geröthet und mit vereinzelten kleineren Substanzverlusten versehen, die im Ileum an Zahl und Grösse zunehmen, ohne sich an die Peyer'schen Plaques zu halten. Sie dringen hier auch mehr in die Tiefe, legen hier und da die Muscularis bloss und zeigen einen glatten Grund, während andere mit necrotischen Gewebsresten bedeckt sind. Die Schleimhaut der Umgebung erscheint schmutzig grau infiltrirt. Etwa ½ Meter oberhalb der Bauhin'schen Klappe ein 2½ cm langes, 1½ cm breites, bis auf die Serosa dringendes Geschwür. Weder im Grunde noch an den Rändern dieses Geschwürs noch auf der Serosa sind irgend welche Knötchen sichtbar. Die Schleimhaut des Dickdarms ist theils schmutzig geröthet, theils schieferfarben. —

2) Elisabeth S., 1½ Jahr, aufgenommen den 21. Oktober 1881, gestorben den 13. November 1881. Abscess über dem linken Trochanter infolge einer Contusion. Incision desselben und Drainage am 24. Oktober. Salicyljutebehandlung. Am 28. Oktober Erysipel. Bleiwasserumschläge. Dasselbe wandert unter dauernd hohen Temperaturen bis zum Fuss und blasst am 7. November ab. Hartnäckiges Erbrechen, welches bis dahin den Fall complicirt hat, hört nun auf. Doch kann sich Pat. nicht erholen und stirbt am 13. November. Die Section ergiebt nach dem etwas laconischen Protocoll einen intensiven Katarrh des Colon descendens mit Ecchymosen und Ulcerationsbildung.

3) Hella H., ¾ Jahr, aufgenommen den 28. Juni 1882, gestorben den 5. August 1882. Rhachitis, Infraction beider Oberschenkel, schwere Phlegmone derselben, im Verlauf der Krankheit Albuminurie. Behandlung: Incisionen Borwasserumschläge. Section: Enorme Phlegmone beider Oberschenkel mit Gangrän der Oberschenkelmuskulatur und Perforation der Hüftgelenke. Infraction beider Oberschenkelknochen am Coll. chirurgicum. Geringe Milzschwellung. Enorme trübe Schwellung der Nieren. Schwellung der Mesenterial- und Retroperitonealdrüsen, diphtheritische Entzündung des Dickdarms.

1) Frau Pein, 61 Jahr, aufgenommen den 1. Juni 1881, gestorben den 20. Januar 1882. Ziemlich heruntergekommene Frau. Caries calcanei sin., der am 8. August 1881 exstirpirt wird. Jodoformpulververband. Bei gutem Zustand der Wunde und der Heilung ziemlich nahe bekommt sie Anfang Januar ein Erysipel, von heftigen Durchfällen begleitet; dieses ist zwar am 16. Januar abgelaufen, doch erholt sie sich nicht wieder und geht bei starker Bronchitis und zunehmender Entkräftung zu Grunde. Die Section ergiebt Lungenemphysem, eine bronchiectatische Caverne der rechten Lungenspitze, frische Schwellung beider Nieren, Katarrh des Coecum und des ganzen Colon und Ulcerationen im Coecum.

So sehr man zur Beurtheilung der vorliegenden Fragen eine etwas eingehendere Beschreibung der Darmaffectionen wünschen möchte, so geht aus den mitgetheilten Krankengeschichten und Sectionsprotocollen, die ich noch um ähnliche vermehren könnte, doch so viel mit Sicherheit hervor, dass auch ohne Quecksilberbehandlung sich die bei schweren septischen Krankheiten, bei Phlegmonen und Erysipelen so häufig auftretenden Darmerkrankungen zu Ulcerationsbildungen und diphtheritischen Einlagerungen mit einem vorzugsweisen Sitz im Dickdarm steigern können, während man in der Regel allerdings nur die Zeichen eines intensiven Katarrhs und eine starke Schwellung sowohl der solitären Follikel als der Peyer'schen Plaques findet. Ein gleiches gilt für die Diphtheritis. Die Schwellung der Darmfollikel bildet einen fast constanten Befund aller Diphtheritissectionen. In vereinzelten Fällen — und es liegen mir aus den letzten zwei Jahren zwei Beispiele vor — kommt es aber auch hier zu oberflächlichen Geschwürsbildungen, die vielleicht nur deshalb relativ so selten sind, weil die Krankheit in den schweren Fällen zu schnell mit dem Tode endet, als dass die Geschwüre Zeit behielten, sich zu entwickeln. Eine der mir vorliegenden Beobachtungen bezieht sich dementsprechend auf ein Kind, welches erst 3 Wochen nach Beginn der Erkrankung bei abgelaufener Diphtheritis an den Folgen einer Lähmung der Kehlkopfmuskeln zu Grunde ging.

Wenn wir nun diese Erfahrungen mit einander vergleichen, so werden wir leicht zu einer Anschauungsweise kommen, die eine befriedigende Lösung der Frage in sich schliesst, und wenn sie sich auch nur auf eine Hypothese gründet, doch der Wahrheit ziemlich nahe kommen dürfte. Steht es fest, dass schwerere chirurgische Infectionen von septischem Charakter an sich intensive Darmerkrankungen herbeiführen, die sich allerdings in der grossen Mehrzahl der Fälle an der Leiche nur als Katarrh und Schwellung der Follikel nachweisen lassen, die aber ausnahmsweise auch für sich allein schon zu Geschwürsbildungen führen können, und weiss man auf der andern Seite, dass bei äusserer Anwendung des Sublimats

der Katarrh des Dickdarms fast immer das erste und meist das einzige
Zeichen einer leichten Vergiftung zu sein pflegt, so wird man sich kaum
wundern können, wenn unter dem Zusammenwirken beider Ursachen die
Darmerscheinungen intensiver und die Geschwürsbildungen etwas häufiger
werden, als sie es ohnedem geworden sein würden. Der Charakter der
Durchfälle, und das ist für die klinische Beurtheilung von hervorragender
Wichtigkeit, kann dabei (wie es bei uns in allen Fällen geschah) durchaus der der septischen Darmaffection bleiben, die pathognomonischen
Zeichen der Sublimatdurchfälle, Tenesmus, schleimige und blutige Be-
schaffenheit der Dejectionen sind in diesen Fällen bei uns nicht beobachtet werden.

Es ist nun gewiss sehr schwer, die Bedeutung dieser Veränderungen
für den Verlauf der Krankheit und den Antheil, welchen sie etwa an
dem tödtlichen Ausgange gehabt haben, in jedem einzelnen Falle richtig
zu würdigen. Vergleicht man den klinischen Verlauf der geschilderten
Fälle mit dem anderer, in welchen trotz sehr deutlich hervortretender
Symptome der Sublimatvergiftung und namentlich der Sublimatdarmer-
krankung dennoch ausnahmslos Genesung mit voller restitutio ad inte-
grum eintrat, die bekannt gewordenen Fälle tödtlicher Sublimatvergiftung bieten klinisch ein so vollkommen anderes Bild, dass sie überhaupt nicht mit in den Vergleich hineinbezogen werden können) so wird
man zunächst leicht zu dem Schlusse kommen, dass alle jene bei der
Section gefundenen Darmerkrankungen an sich einer vollkommenen Aus-
heilung fähig gewesen wären; auf der andern Seite kann Niemand verkennen, dass schon die blosse Steigerung der septischen Durchfälle, die
gewiss nicht nur eine intensive, sondern, eben der Geschwürsbildung
wegen, auch zeitlich ein extensive ist, die Gefahr für einen an sich schon
schwer Kranken beträchtlich steigern und unter Umständen den Aus-
schlag für einen unglücklichen Ausgang geben kann.

Für unser praktisches Handeln wird die Erfahrung massgebend sein
müssen, dass von schweren Wundinfectionskrankheiten befallene, hoch
fiebernde Patienten, und wahrscheinlich ganz besonders solche, bei welchen Neigung zu Durchfällen besteht, bei einer längere Zeit fortgesetzten
energischen Sublimatbehandlung wahrscheinlich grösseren Gefahren ausgesetzt sind, als andere. Diese Gefahren steigen selbstverständlich mit
der Grösse der Resorptionsfläche, also der Wunde. Man wird also vor
der Hand gut thun, für alle derartigen Fälle die Behandlung mit feuchten
Sublimatumschlägen zum mindesten dann ganz aufzugeben, wenn grössere
Wunden vorhanden sind, oft wiederholte Bespülungen der letzteren
aber mit der stärkeren Sublimatlösung von 1:1000 ganz zu unterlassen.
Ob man in den einzelnen Fällen besser thun wird, die schwache Lösung
von 1:5000 an deren Stelle zu setzen oder lieber ein anderes Antisepticum zu benutzen, muss individuellem Ermessen überlassen bleiben.

31

Besorgniss erregende oder gar rasch tödtliche acute Vergiftungen nach einer einmaligen Anwendung des Sublimates, wie sie im unmittelbaren Anschluss an reichliche Ausspülungen des puerperalen Genitaltractus in letzter Zeit von den Geburtshelfern mehrfach mitgetheilt worden sind, habe ich niemals gesehen und sind auch von anderen Chirurgen, wie es scheint, bisher nicht beobachtet worden. Immerhin sind dieselben für die Kenntniss aller bei der Sublimatbehandlung möglichen Gefahren von solcher Wichtigkeit, dass wir ihnen unsere volle Aufmerksamkeit schenken müssen.

Der erste Bericht dieser Art stammt aus der Schröder'schen Klinik in Berlin und wurde am 25. Januar 1884 der dortigen Gesellschaft für Geburtshülfe und Gynäkologie vorgelegt. Nach dem kurzen Referat im Centralblatt für Gynäkologie No. 14 wurde ein frischer Dammriss unter fortdauernder Bespülung mit Sublimatlösung 1:1000 genäht. Es erfolgte eine subacut verlaufende Vergiftung, die mit äusserst stinkenden Durchfällen, mässigem Fieber und zunehmendem Collaps verlief und welcher die Kranke am 12. Tage erlag. Die Section ergab »hochgradigen necrotischen Zerfall der ganzen Dickdarmschleimhaut bis zur Ileosacralklappe. Von da an erstreckt sich die Necrose nur noch in abgeschwächter Weise in den Dünndarm herauf«. Privater Mittheilung zufolge ist übrigens der Dammnaht eine Auswaschung des Uterus mit der 1%igen Lösung vorausgegangen, welcher — den gleich mitzutheilenden weiteren Erfahrungen entsprechend, wohl ein grösserer Antheil an der Intoxikation zuzusprechen sein dürfte, als der Berieselung der Dammwunde. Aus der Discussion geht ferner hervor, dass hochgradige Anämie der Wöchnerin die Intoxikation begünstigte.

Der zweite Fall ist von A. Stadfeldt in Kopenhagen mitgetheilt.[1] Einer 23jährigen Wöchnerin, welcher mit einem Blutverlust von 800 g die Placenta hatte gelöst werden müssen, wird am fünften Tage wegen steigenden Fiebers eine Ausspülung des Uterus mit einer Sublimatlösung von 1:1500 unter allen nöthigen Cautelen gemacht. Der Rückfluss war völlig frei. Nach Verbrauch von etwa 11—1200 g Flüssigkeit, zwangen bedrohliche Erscheinungen — Kopfschmerzen, Gefühl von Erstickung im Schlunde, Trübung des Bewusstseins — zur Unterbrechung der Irrigation, und schon nach wenigen Minuten traten heftige nach der Inguinal- und Lendengegend ausstrahlende Schmerzen im Hypogastrium hinzu. Am Abend desselben Tages Mattigkeit und Schwindel, Tenesmen, dünne Defäcationen, aber auch schon beträchtliche Albuminurie. Unter Fortdauer dieser Erscheinungen, denen sich noch Ulcerationen an der Unterfläche der Zunge hinzugesellten, und unter Steigerung der Nierenaffection bis zu fast vollständiger Anurie starb die Kranke am fünften Tage. Die Section ergab auf der Schleimhaut des Dickdarms »zahlreiche Ulcerationen von unregelmässiger, meist rundlicher Form, mit graugelben zum Theil abschabbaren Krusten bedeckt, die grössten ungefähr 0,8 cm im Querschnitt. Der entzündungsartige ulcerative Process war besonders im Rectum entwickelt, verlor aufwärts an Intensität, setzte sich jedoch bis in das Coecum hinauf fort. Im untersten halben Meter des Dünndarms war die Schleimhaut hyperämisch und das Epithelium leicht abschabbar«. — Entsprechend den während des Lebens beobachteten Nierenerscheinungen fand sich in den gewundenen

---

1) Sind als Desinficienz in der Geburtshülfe Sublimatlösungen der Carbolsäure vorzuziehen? Bemerkungen von A. Stadfeldt, Kopenhagen. Centralblatt für Gynäkologie, 1884, No. 7.

Harnkanälchen stark körnig geschwollenes, an mehreren Stellen mit feinen Fetttropfen gefülltes Epithel. In den geraden Kanälen dieselben Veränderungen in geringerem Grade, und umher zahlreiche hyaline Cylinder. Die Glomeruli waren unverändert. Nach einer spätern Mittheilung des Prosectors am pathologischen Museum in Kopenhagen, Fr. Dahl,[1] liessen sich ausserdem »sowohl in den gestreckten wie in den gewundenen Nierenkanälchen reichliche Ablagerungen von amorphen, dunkelcontourirten Massen erkennen, die sich in Schwefelsäure unter Gasentwickelung und Bildung von Gipskrystallen lösten. Sie fanden sich am reichlichsten in der Rindensubstanz und nur spärlich in den Pyramiden. Auf der Schnittfläche getrockneter Nierenstücke sah Fr. Dahl zahlreiche weisse kreidige Streifen und auf der Oberfläche zahlreiche weisse Körner«.

Diese Kalkmetastasen, zu welchen in der Leiche sonst kein Grund gefunden wurde, betrachtet Dahl als einen so gut als sichern Beweis für das Vorliegen einer Sublimatvergiftung, und beruft sich auf die Experimentalarbeiten von Saikowsky[2] und Prevost,[3] welche bei Sublimatvergiftungen von Kaninchen, Ratten, Katzen, Hunden etc., und zwar besonders in subacuten Fällen, welche in einigen Tagen tödtlich abliefen, constant eine beträchtliche Ablagerung von Kalksalzen in den gestreckten Kanälchen der Rindensubstanz beobachteten. Dass vorher die Nieren gesund waren, wurde von Saikowsky mehrmals durch Untersuchung kleiner excidirter Stücke vor der ersten Sublimatgabe constatirt, und Prevost zeigte, dass eine Decalcinirung der Knochen mit der Verkalkung der Nieren Hand in Hand gehe. Begleitet wurde dieser Process ferner von Abnahme der Urinmenge und Albuminurie. Endlich sah Prevost dieselben Kalkablagerungen in den geschwollenen und parenchymatös veränderten Nieren eines Mannes, der einen Monat nach Einnahme von $1^1/_2$ gr. salpetersauren Quecksilbers starb. —

Eine 3. tödtlich abgelaufene Sublimatvergiftung ereignete sich ebenfalls in der Berliner Universitätsfrauenklinik und wurde von Winter[4] in der Gesellschaft für Geburtshilfe und Gynäkologie besprochen.

Eine junge eclamptische Primipara wird mit der Zange entbunden; atonische Nachblutung — heisse Irrigation des Uterus mit 1—1½ l 1⁰/₀₀ Sublimat. In der Nacht Leibschmerzen, Tenesmen, reichliche sehr übelriechende Entleerungen von graugrüner Farbe ohne beigemischtes Blut. Am Zahnfleisch wurde ein ausgedehnter bläulicher Saum und zwei Tage darauf auch auf der Mundschleimhaut grosse gangränöse Plaques sichtbar. Was das sehr gestörte Allgemeinbefinden anlangt, so fiel ausser der grossen Anämie die sehr niedrige Hauttemperatur und eine allgemeine Hyperästhesie auf. Nebenbei war die Kranke äusserst unruhig, schrie und stöhnte viel, reagirte wohl auf äussere Eindrücke, war aber doch ziemlich theilnahmlos, ohne gerade somnolent zu sein. Sie schläft fast gar nicht. Der Urin, der vorher nur die Zeichen einer leichten parenchymatösen Nephritis bot — er war hell, mit etwas dunklem Sediment und wenig

1) Anatomischer Nachtrag zu dem Sublimatvergiftungsfalle des Prof. Stadfeldt. Centralblatt für Gynäkologie, 1884, No. 13.
2) Virchow's Archiv XXXVII, p. 346.
3) Revue médicale de la Suisse romande, 1882, No. 11.
4) Centralblatt für Gynäkologie, 1884, No. 25.

Albumin, — wurde nach der Intoxikation bedeutend spärlicher secernirt, war dick, trübe, zeigte Blutstreifchen, viel Albumin und reichliche morphotische Elemente. Der Tod erfolgte am dritten Tage. — Die Section ergab die charakteristischen Veränderungen des Darms vom Anus bis zur Valvula Bauhini in einem dem acuten Verlauf entsprechenden frühen Stadium, aber intensivem Grade. Die Darmwandung in toto verdickt, besonders die Mucosa. Auf der Höhe der stark geschwollenen Falten sind ausgedehnte Ecchymosirungen sichtbar neben einer gleichmässigen graugrünen Verfärbung der Mucosa. Die Wand des Uterus und der Cervix zeigt an ihrer Innenfläche dieselbe gleichmässig graugrüne Verfärbung Auch das Peritoneum war mit einer leichten sero-fibrinösen Exsudation im untern Theil der Bauchhöhle betheiligt. Leider ist über den Zustand der Nieren in dem Berichte nichts gesagt.

Wie der Vortragende wohl mit Recht hervorhebt, war in diesem Falle die Intoxikation durch die nach dem grossen Blutverluste lebhaft gesteigerte Resorption von der Uteruswand her besonders begünstigt, während das Gift um so eher deletär wirken musste, als seine Ausscheidung durch die nephritisch erkrankten Nieren bedeutend beeinträchtigt wurde. Uebrigens ist es ja bekannt, dass auch abgesehen von der gesteigerten Resorption nach acuten Blutverlusten anämische Personen derartigen Vergiftungen bei weitem weniger Widerstand zu leisten vermögen, als gesunde. Mit der Schlussfolgerung, dass das Sublimat bei Anämischen nur mit besonderer Vorsicht gebraucht, bei Nierenkranken aber am besten ganz vermieden werden solle, wird man sich nur einverstanden erklären können.

Endlich berichtet J. C. Vöhtz (Aarhus) in Nr. 22 der Hospitals Tidende von 1884 über eine ganz acute Sublimatvergiftung, die sich am meisten dem Stadfeldt'schen Falle anschliesst.

Eine 33jährige, im dritten Monat schwangere Frau abortirt. Heftige Blutung, manuelle Entfernung des Ovulum, Einspritzung von 175 g einer Sublimatlösung von 1 : 750 in den Uterus. Gegen Ende der Einspritzung Klagen über heftige Schmerzen im Unterleibe, grosse Unruhe. Dies geschah in der Nacht. Nachmittags 6½ Uhr häufiges Erbrechen und geringe Empfindlichkeit in der rechten Seite des Unterleibes. Temp. 36.2, Puls 92, kräftig. Am folgenden Morgen (24. April) sehr starkes Erbrechen und intensivere schleimige Diarrhöe mit heftigem Tenesmus. Starker mercurieller Belag am Zahnfleisch, ohne bedeutende Salivation. — Opium, Kali chloric. — Am Abend Verschlimmerung der Stomatitis. 25. April: Diarrhöe und Erbrechen abnehmend, Salivation. 26. April: Diarrhöe und Erbrechen aufgehört, starke Congestion zum Kopfe, keine Harnentleerung in 36 Stunden, die Blase vollständig leer. 27. April: Wieder häufige schleimige Stuhlentleerungen, sehr trockene Haut, Hautjucken. 28. April: Pat. im höchsten Grade congestionirt, Sensorium aber frei, keine Somnolenz. In den Stuhlentleerungen Blut, die Blase immer leer. (Ordin.: Spirit. Mindereri cum Aeth. chlorat.) 29. April: Kein Harn, Erbrechen, stark blutiger Stuhlgang. (Clysm. amyl. cum Vin. theb.) 30. April: Im Rectum werden ausgedehnte Ulcerationen palpirt. 1. Mai: Morgens 150 g und Abends 100 g stark albuminhaltiger Harn, die blutigen Entleerungen fortdauernd. Pat. sehr somnolent. Der Zustand dauert bis 3. Mai, als sie starb, volle 10 Tage nach dem Abort. Die Section konnte leider nicht gemacht werden.

Verfasser hebt als eigenthümlich für die Sublimatwirkung überaus heftige Uteruscontractionen hervor, wodurch vielleicht das Eindringen der Injectionsflüssigkeit durch

34

die Tuben in die Bauchhöhle begünstigt werde, zumal bei vorhandener Endometritis (als Ursache des Aborts) die Tube häufig mitleide und mehr oder weniger dilatirt sei.

Ausser diesen vier Todesfällen fehlt es natürlich nicht an Berichten über bedrohliche Vergiftungserscheinungen, die aber in Genesung endeten, und in noch grösserer Zahl wurden leichtere Intoxikationen beobachtet.

Unter ersteren verdient der Fall von Mäurer[1] (Coblenz) Erwähnung, der nach Injection von $\frac{1}{2}$ Liter $\frac{1}{2} \,^0/_{00}$ Lösung unmittelbar nach der Geburt in die Vagina ein wanderndes Erythem mit schweren allgemeinen Vergiftungserscheinungen, hohem Fieber, Delirien, Durchfällen beobachtete, welche aber schliesslich in Genesung übergingen, ferner ein weiterer aus der Schröder'schen Klinik,[2] in welchem einer fiebernden Puerpera unmittelbar nach der Entbindung 4—5 Liter heisser $1^0/_{00}$ Sublimatlösung in den atonischen Uterus injicirt und ausserdem der Damm unter Bespülung mit 1—1$\frac{1}{2}$ $^0/_{00}$ Sublimatlösung genäht war. Am 2. Tage stellten sich reichliche übelriechende graugrüne Stuhlentleerungen unter Tenesmus ein. Die psychischen Symptome traten hier sehr in den Vordergrund; Patientin war 3 Tage fast komatös, schrie und stöhnte viel und war am ganzen Körper auffallend hyperästhetisch. Die Hauttemperatur war herabgesetzt. Der Puls andauernd frequent; der Urin zeigte einige Tage nach der Intoxikation leichte, bald vorübergehende Albuminurie.

Die ausserdem mitgetheilten Fälle von Bokelmann[3], Stenger[4], Elsässer[5] beziehen sich auf wiederholte und zum Theil sehr reichliche Verwendung des Sublimats — im letzten Falle gleichzeitig mit Calomel und grauer Salbe — und endeten sämmtlich in Genesung. —

Vergleicht man die vorstehend mitgetheilten Erfahrungen der Geburtshelfer mit den von mir und andern Chirurgen gemachten, so scheint der Schluss gerechtfertigt zu sein, dass der puerperale Genitaltractus günstigere Bedingungen für eine rasche und gefährliche Aufnahme des Sublimates in die Säftemasse bietet, als irgend eine chirurgische Wunde oder irgend eine Körperhöhle, die man vernünftiger Weise der Bespülung mit einer Lösung desselben aussetzen würde. Damit wiederholt sich also eine Erfahrung, die man auch bei andern Ausspülungen des Uterus, kurz nach der Geburt gemacht hat, in specie mit Carbolausspülungen, welche ebenfalls zuweilen zu plötzlichem Collaps und sehr intensiven Vergiftungen geführt haben.

Zwar ist trotzdem die Gefahr nicht sehr gross. Auf der Schröderschen Klinik konnte längere Zeit selbst eine 0,2% ige Lösung ohne jede

1) Centralblatt für Gynäkologie, 1884, No. 17.
2) Ibid. No. 28.
3) Ibid. No. 9.
4) Ibid. No. 13.
5) Ibid. No. 29.

Vergiftungserscheinung zu Uterusausspülungen benutzt werden, wobei jedesmal 1—5 Liter Flüssigkeit zur Verwendung kamen.[1] Aus der Breslauer Universitätsklinik werden von dem reichlichen Gebrauch von Lösungen von 1:2000, meist aber 1:1000 in Quantitäten von 6 Litern für die einzelne Uterusausspülung nur gute Resultate gemeldet.[2] und gleiche Erfahrungen wurden mit Lösungen von $\frac{1}{2}$°/₀₀ an der Breslauer Hebammenlehranstalt,[3] von $\frac{1}{2}$—1°/₀₀ an der Kézmársky'schen Klinik in Budapest[4] und an der von Tarnier[5] in Paris gemacht. Gleichwohl erwächst aus den vorgekommenen Vergiftungsfällen selbstverständlich sowohl für Geburtshelfer wie für Chirurgen die ernste Pflicht, jedes Uebermass in der Verwendung des Sublimats zu vermeiden und in der Concentration der zur Desinfection verwendeten Lösungen so weit zurückzugehen, als ohne Gefährdung des Zweckes zulässig ist. Es ist in dieser Beziehung sehr lehrreich, dass Kehrer[6] in der Heidelberger und Leopold[7] in der Dresdener Gebäranstalt mit Lösungen von $\frac{1}{2}$—$\frac{1}{4}$°/₀₀ völlig ausreichten, und dass, wie es scheint, von Hegar[8] und neuerdings auch von Schröder[9] eine Concentration von 1:5000 für genügend gehalten wird. Ob mit letzterer freilich allen Aufgaben der Antiseptik in der Geburtshilfe genügt werden kann, bleibt einstweilen eine offene Frage. Für die Prophylaxe ist dieselbe gewiss zu bejahen. Für die Bekämpfung schon vorhandener Infectionen wird sie sich, wie ich nach meinen chirurgischen Erfahrungen glauben muss, wahrscheinlich in manchen Fällen als unzureichend erweisen.

Für die Chirurgie ist ein Aufwerfen dieser Frage zum Glück ziemlich überflüssig. Nach allen unseren Erfahrungen hat sich eine einmalige, noch so energische Desinfection irgend welcher noch so grossen Wunde mit einer Sublimatlösung von 1:1000 als völlig gefahrlos herausgestellt. Freilich muss man dann sicher sein, dass nicht etwa irgendwie

1) S. P. Bröse, Das Sublimat als Desinficienz in der Geburtshülfe. Centralblatt für Gynäkologie, 1883, No. 39.
2) Poporski, Das Sublimat als Desinficienz in der Geburtshülfe. Ebenda No. 35.
— Tänzer, Weitere Beiträge zur Sublimatbehandlung. Ebenda, 1884, No. 9. — Derselbe, Zur Sublimatfrage. Ebenda No. 31.
3) Fuhrmann, Zur Sublimatbehandlung in der Geburtshülfe. Ebenda No. 12.
4) v. Szábo, Sublimat in der Geburtshülfe. Ebenda No. 35.
5) Des Méthodes antiseptiques en Obstétrique, par le Dr. P. Bar.
6) Naturforscherversammlung in Freiburg, 1883.
7) Ueber den Gebrauch schwacher Sublimatlösungen in der Geburtshülfe. Centralblatt für Gynäkologie, 1884, No. 46.
8 S. Wiedow, Zur Frage der Antisepsis während der Geburt. Ebenda 1883, No. 37.
9 Winter, Gegen die übermässige Sublimatdesinfection in der Geburtshülfe. Ebenda 1884, No. 43.

beträchtlichere Mengen dieser Flüssigkeit im Körper zurückgehalten werden, wie es namentlich beim Auswaschen grösserer und unregelmässiger Höhlen — vereiterter Echinococcussäcke, Empyemhöhlen etc. — wohl einmal vorkommen kann. Hat man Grund zu einer derartigen Besorgniss, so spüle man mit der schwachen Lösung nach. Die Befolgung dieses Rathes kann unter Umständen selbst für Gelenkauswaschungen von Wichtigkeit werden. So hatte ich einen enormen Erguss in das Kniegelenk eines blassen, elenden, in den Anfangsstadien der Phthise befindlichen Menschen auszuwaschen, bei welchem das ganze Exsudat aus einer zähen Gallerte bestand, welche nur ausserordentlich mühsam durch den sehr dicken, 1 cm im Durchmesser haltenden Troicart durchzupressen war. Es war nothwendig, die Spülung unter vielen Bewegungen des Gelenkes und vielem Herumdrücken an demselben ganz ungewöhnlich lange fortzusetzen, und schliesslich blieben jedenfalls doch noch mit Sublimat durchtränkte Gallertmassen in ziemlicher Menge zurück. Hier wäre ein Nachspülen mit der schwachen Lösung am Platze gewesen, es würde dann wahrscheinlich der Durchfall und Tenesmus, der am Abend des Operationstages folgte und bis zum nächsten Tage anhielt, um dann völlig zu verschwinden, vermieden worden sein.

Fasse ich alles zusammen, was wir klinisch und pathologisch-anatomisch von unerwünschten Nebenwirkungen der Sublimatbehandlung gesehen haben, so beschränken sich unsere diesbezüglichen Erfahrungen ausschliesslich auf Fälle, wo entweder

1) bei sehr anämischen Individuen grosse Operationswunden, oder andere grosse resorbirende Flächen (Peritoneum) bei Stunden lang dauernden Operationen permanent oder in häufiger Wiederholung mit der $1\,^0/_{00}$ Lösung überrieselt, oder

2) wo ausgedehntere Wundflächen bei hoch fiebernden, an schweren chirurgischen Infectionskrankheiten leidenden Menschen Wochen hindurch Umschlägen mit derselben Lösung und täglichen Bespülungen ausgesetzt wurden, oder

3) wo eine gewisse Menge dieser Flüssigkeit in einer Körperhöhle zurückblieb, oder endlich

4) wo ausnahmsweise eine Sublimatlösung von weit stärkerer Concentration (1% zur Verwendung kam. Aber selbst unter solchen Verhältnissen ist bei uns niemals eine Intoxikation von auch nur annähernd solcher Schwere vorgekommen, wie die von den Geburtshelfern berichteten, und auch der einzige sichere Todesfall durch Sublimatvergiftung, den wir zu beklagen haben, wäre vermieden worden, wenn nicht die kaum der Gefahr entronnene Patientin von neuem einer, wenn auch unter anderen Umständen absolut harmlosen Einwirkung desselben Mittels ausgesetzt worden wäre.

Die Lehren, die hieraus zu ziehen sind, ergeben sich von selbst.
Beschränkt man sich für die prophylaktische Berieselung frischer Operationswunden — die nebenbei durchaus keine permanente zu sein braucht, sondern nur in längeren oder kürzeren Pausen wiederholt wird — auf die schwache Lösung von $\frac{1}{5}$°/₀₀, sorgt man dafür, dass keine bedenklichen Sublimatmengen in Körperhöhlen zurückgehalten werden, hütet man sich vor der Behandlung grösserer inficirter Wunden mit Sublimatumschlägen und wiederholten Bespülungen mit der Lösung von 1:1000, giebt man die Sublimatbehandlung ganz auf, wo septische Durchfälle vorhanden sind, ist man überall besonders vorsichtig, wo man es mit sehr anämischen oder nierenkranken Menschen zu thun hat und lässt man sich zu dem ausnahmsweisen Gebrauch einer noch stärkeren Sublimatlösung als 1°/₀₀ bei offenen Wunden nur unter sorgfältigster Berücksichtigung aller Verhältnisse herbei, die wir jetzt als wichtig in Bezug auf eine Intoxikation kennen gelernt haben, so wird man immerhin vielleicht ausnahmsweise noch einmal eine Intoxikation leichtesten Grades erleben, sicherlich aber niemals Grund zu ernsteren Befürchtungen haben. Natürlich sind auch wiederholte Sublimatbespülungen der Wunden von Personen, die nach der ersten Desinfection oder Operation Zeichen von Intoxikation gehabt haben, streng zu vermeiden. Dass man in Fällen, wo auch leichtere Vergiftungssymptome nicht schnell vorübergehen, die Sublimatbehandlung überhaupt aufzugeben hat, ist selbstverständlich.

Wer das Sublimat in der angegebenen Weise und mit Berücksichtigung der soeben erörterten Vorsichtsmassregeln verwendet, dem wird es sich nicht nur als das weitaus zuverlässigste und wirksamste Desinfectionsmittel erweisen, sondern auch als dasjenige, welches die rasche Heilung der Wunden mehr wie irgend ein anderes begünstigt und mehr wie jedes andere von störenden oder gefährlichen Nebenwirkungen frei ist.

Ich schliesse mit einer Zusammenstellung der wichtigsten Operationen, welche im Laufe der letzten 30 Monate, bis zum 1. August 1884, auf meiner Abtheilung ausgeführt worden sind.

Art der Operation oder Verletzung.	Gesammtzahl der Operationen.	Zahl der Heilungen überhaupt	Heilungen ohne Eiterung.	Heilungen mit Eiterung.	Unvollständige Heilungen.	Todesfälle.	Todesursachen.	Bemerkungen.
Amputationen . . . . . darunter 91 Amputationen grosser Gliedabschnitte mit 6 Exarticulationen der Hüfte, worunter 1 Todesfall. Die übrigen 138 sind Amputationen und Exarticulationen von Fingern und Zehen).	229	217	194	23		12	1mal vorher bestehende Sepsis 3mal Tuberculose 3mal fortschreitender Altersbrand 4mal Metastasen bösartiger Geschwülste 1mal Lungenentzündung	
[Resectionen der grossen Gelenke . . . . . . nämlich:	117	100	63	37	9	8]		
Resectionen des Hüftgelenkes	28	23	10	13	2*	3	2mal Miliartubercu'ose 1mal Amyloid	*Es sind noch Fisteln vorhanden
Resectionen des Kniegelenkes	30	26	20	6		4	4mal Tuberculose	
Resectionen des Fussgelenkes	12	10	3	7	1*	1	Amyloid	'Fisteln
Resectionen des Schultergelenkes	2	2	1	1				
Resectionen des Ellbogengelenkes	32	30	21	9	2*			*Beide später amputirt und dann geheilt
Resectionen des Handgelenkes	13	9	8	1	4*			*3 haben noch Fisteln, 1 später amputirt und geheilt
Resectionen aus der Continuität, Pseudarthrosenoperationen etc. . .	24	24	18	6				
Subcutane Osteotomien .	75	75	75					
Keilförmige Osteotomien	7	7	5	2				
Keilexcisionen aus dem Tarsus bei Klumpfuss	16	16	12	4				
Necrotomien	85	83	10	73		2	1mal Trismus 1mal Amyloid	
Complicirte Brüche des Schädels	17	13	5	8		4	Zerstörung lebenswichtiger Hirntheile	
Complicirte Brüche der langen Röhrenknochen	74	69	38	31		5	1mal Sepsis 2mal Fettembolie 2mal Delirium tremens	
Gelenkauswaschungen. 1) wegen Hydrops . .	39	39	39*					*7mal erfolgten Recidive
2) » Haemarthros .	11	11	11					
3) » Pyarthros. .	19	18	18			1	Vorher bestehende Sepsis	

Art der Operation oder Verletzung.	Gesammtzahl der Operationen.	Zahl der Heilungen überhaupt.	Heilungen ohne Eiterung.	Heilungen mit Eiterung.	Unvollständige Heilungen.	Todesfälle.	Todesursachen.	Bemerkungen.
Gelenkdrainage ...	13	9	9			4	1mal puerperale Sepsis 1mal Osteomyelitis multiplex 1mal Sepsis bei Phlegmone cruris et femoris 1mal Erysipelas	Die tödtlichen Krankheiten bestanden selbstverständlich sämmtlich vor der Operation
Herniotomien u. Radicaloperationen von Brüchen	84	70	55	15		14	13 waren hoffnungslose Fälle 1mal erfolgte nach Reposition eines grossen Bruches innere Einklemmung	
Ovariotomien	25	25	25					
Totalexstirpationen des Uterus von der Vagina aus wegen Carcinom	8	7	7			1	Collaps. (Für die Operation nicht mehr geeigneter Fall.)	*Seitdem sind noch fünf weitere Fälle mit Glück operirt
Supravaginale Amputation des Uterus vom Bauch aus wegen Myom	1					1	Collaps / cursis -	
Nierenexstirpationen	3	2	2			1	Peritonitis, nachdem am 9. Tage die schon geheilte Bauchwunde bei einem heftigen Hustenanfall wieder aufgeplatzt war	
Darmresectionen	8	7	7			1	Collaps	
Echinococcusoperationen	6	6		6				
Amputatio mammae mit Ausräumung der Achselhöhle wegen Carcinom	47	46	38	8		1	Sublimatintoxikation	Die nicht prima geheilten konnten der Grösse des Defectes wegen nicht genäht werden
Amputatio mammae wegen Sarcom u. Cystosarcom	5	5	5					
Exstirpation von Adenoma mammae	11	11	11					
Exstirpation von Lymphomen des Halses	107	107*	101	6				2 später an Tuberculose gestorben
Exstirpation von Lymphomen der Achselhöhle	19	19	18	1				
Exstirpation des Bubo inguinalis	36	36	28	8				

Art der Operation oder Verletzung.	Gesammtzahl der Operationen.	Zahl der Heilungen überhaupt.	Heilungen ohne Eiterung.	Heilungen mit Eiterung.	Unvollständige Heilungen.	Todesfälle.	Todesursachen.	Bemerkungen.
Exstirpation anderer Tumoren	149	140	93	47		9	2mal Collaps nach Exst. recti carcinomat. 1mal Collaps nach Exst. strumae cum larynge carcin. 1mal Sepsis nach Exst. linguae carcin. 1mal Sepsis nach Exst. linguae et pharyngis 2mal Metastasen bösartiger Geschwülste 1mal Embolie der Lungenarterie 1mal Lungenentzündung	In diesen beiden Fällen war mit Sublimat desinficirt, aber mit Jodoformgaze verbunden worden.
Colporrhaphie u. Perineoplastik		39	39	39	(5*)			*d. h. 5 mal war wegen ungenügenden Erfolges eine zweite Operation nöthig, die dann jedesmal eine volle prima intentio gab.
Summa	1286		935	278	9	64		

1222

www.ingramcontent.com/pod-product-compliance
Lightning Source LLC
Chambersburg PA
CBHW022106210326
41519CB00056B/1679